微处理器体系结构
专利技术研究方法

第三辑：x86 指令实现专利技术

徐步陆　编著

科 学 出 版 社

北 京

内 容 简 介

本书是《微处理器体系结构专利技术研究方法》系列的第三辑,它通过挖掘在专利记载的相关技术方法,呈现 x86 处理器微架构的逻辑实现技术。第 1 章主要探讨算术、浮点和向量类指令实现。第 2 章和第 3 章主要探讨加载和存储访存指令、跳转和分支指令的技术实现。第 4 章和第 5 章主要探讨流水线、低功耗等关键技术实现。第 6 章探讨编译优化技术。

微处理器是集成电路最具代表性的产品。因此,一个集成电路强国,一定在微处理器领域有自己的创新与创造。人工智能领域相关的 GPU、DPU 等新兴处理器架构,本质上都是 CPU 的协处理器或加速扩展单元。

因此,本书全面勾勒出 x86 处理器微架构的逻辑实现创新思维和创造方法,可同时为计算机、集成电路等领域的 CISC、RISC 处理器和 XPU 处理器相关科研人员、工程师和广大师生提供参考。

图书在版编目 (CIP) 数据

微处理器体系结构专利技术研究方法. 第三辑,x86 指令实现专利技术 / 徐步陆编著. —北京:科学出版社,2023.6

ISBN 978-7-03-075687-9

Ⅰ. ①微… Ⅱ. ①徐… Ⅲ. ①微处理器-结构体系-专利技术-研究方法 Ⅳ. ①TP332

中国国家版本馆 CIP 数据核字(2023)第 102157 号

责任编辑:赵艳春 高慧元 / 责任校对:王 瑞
责任印制:吴兆东 / 封面设计:蓝 正

科 学 出 版 社 出版

北京东黄城根北街 16 号
邮政编码:100717
http://www.sciencep.com

北京中石油彩色印刷有限责任公司印刷

科学出版社发行 各地新华书店经销

*

2023 年 6 月第 一 版 开本:720 × 1000 1/16
2023 年 6 月第一次印刷 印张:8
字数:161 000

定价:88.00 元

(如有印装质量问题,我社负责调换)

前　　言

　　微处理器是集成电路最具代表性的产品。但本书的定位不是微处理器体系结构的教科书，没有去探讨微处理器芯片的技术分支方向；本书不是产业发展报告，没有去统计分析比较微处理器的市场趋势、产品优劣和厂家策略；本书也不是 CPU 专利白皮书，没有去统计专利数量和绘制专利地图。

　　微处理器代表了集成电路不断创新的精神。本书则是这种创新精神的复现与技术创造的概括。本书以 x86 指令实现专利技术为研究重点，以专利文献囊括的技术为研究对象，按照"指令集结构—微结构—物理实现"三层微处理器体系架构实现，采用"基于知识挖掘的 x86 体系架构技术路径识别研究"方法，呈现出 x86 体系架构设计发展脉络与演进规律，为 CPU 和 XPU 研制人员打开了一座微处理器的知识宝库。

　　本书是上海硅知识产权交易中心的集体工作成果，并得到了复旦大学、同济大学、清华大学、浙江大学、上海交通大学、中山大学、北京大学等微处理器研发团队的帮助。本书得到上海市软件和集成电路产业发展专项资助，其中"基于知识挖掘的 x86 体系架构技术路径识别研究"项目获得 2021 年度上海市计算机学会科学技术奖，成果支持了国家核高基科技重大专项 x86 微处理器研制。

作　　者

2022 年 10 月

目　　录

第1章 算术、浮点和向量类指令实现

算术运算是流水线中执行单元面向的重要应用，是程序运行的基本操作，加快基本操作的执行速度，能更显著地提升处理器计算性能。而浮点类指令的执行通常需要较多的处理器周期，保障浮点类指令的正常执行并进一步优化处理的好处不言而喻。高计算密集应用的普及，对 CPU 数据并行处理能力提出新要求而孕育而生的向量操作对现有的访存策略、执行方法等提出了挑战。本章主要研究解决以上问题的算术运算、浮点类和向量类这几类特定指令的相关专利技术实现。

1.1 算 术 运 算

高性能多路运算（加法、累加和选择）、乘除法运算以及复杂运算（如指数运算、三角函数）在性能方面的提升对处理器主频、吞吐量的提升具有显著的效果。因此，x86 产品技术标杆公司如英特尔等，在响应相关特定算数运算指令时，从执行部件的逻辑实现上布局了相应专利。本节对多路运算、乘除法运算以及复杂运算相关技术分别进行介绍。

1.1.1 多路运算

通常，现有技术的一条指令能够处理两个操作数输入的运算，当需要对多个数据进行运算时通常需要多条指令。本小节中的专利均涉及一类新的单一指令包含两个以上操作数，可以被译码为多路指令。该单一指令可以完成多条现有指令的工作，必要时在执行阶段增加 1～2 个时钟周期，使得多个操作并发完成而不需要增加较多执行时间，从而能够提升处理器性能。指令执行的运算包括加法（包括累加）、比较、选择等。

1. 多路加法/累加

【相关专利】

US7293056（Variable width，at least six-way addition/accumulation instructions，2002 年 12 月 18 日申请，已失效，中国同族专利 CN 1320450C）

【相关内容】

该专利技术涉及在处理器中提供可变宽度、至少六路（即六个输入）加法指令的译码和执行逻辑。首先将一条单一指令译码为具有多个操作数可变宽度、至少六路的加法指令，执行逻辑进一步使用多个加法器对多个操作数做加法得到并输出总和，并可选地存储进位结果。例如，在每个流水线中利用多个3：1加法器（三个值相加并输出一个值）可以实现在一个或多个周期内执行的多路加法指令。3：1加法器比2：1加法器（两个值相加并输出一个值）略微慢一点，并且只涉及单个进位传送，因此该类指令以流水线方式工作并在两个周期后产生结果，不会影响处理器的周期长度。

专利技术能处理六路加法或累加指令的可变宽度多路加法运算逻辑电路示例见图1.1。图中电路包括多个指令操作数存储单元，如305模块；多个3：1加法器，如335模块；以及目的寄存器380。输入包括六个源操作数，第一级运算可以采用4个六路加法器得到4个中间结果；第二级运算使用两个3：1加法器将4个中间结果相加，还可以选择将之前存储在目的寄存器的结果和中间结果进行累加，最终结果存储在目的寄存器。

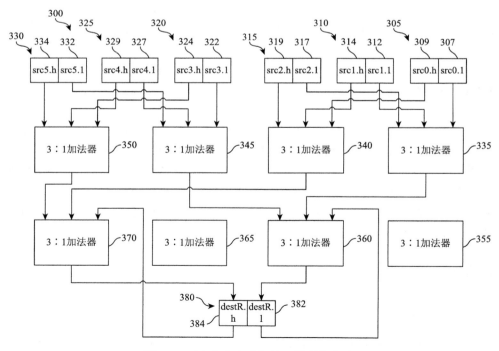

图1.1 可变宽度多路加法运算逻辑电路

2. 多路加法-比较-选择

【相关专利】

US7454601（N-wide add-compare-select instruction，2002 年 3 月 28 日申请，已失效）

【相关内容】

US7454601 专利技术提供一种 N 宽度加法-比较-选择指令的设计方法与逻辑实现。基于 3∶1 加法器与多个 2∶1 最大值比较器通过对源操作数与分支度量（branch metrics）值，在控制寄存器（包括分支度量寄存器（branch metrics register）、操作数选择寄存器（operand selection register）、极性设置寄存器（polarity setting register）以及比较结果寄存器（compare result register））配置下，执行相加、移位和比较操作，实现两个时钟周期内，对多组操作数相加值的比较，最终输出布尔值比较结果，运算过程如图 1.2 所示。硬件逻辑包括 N 宽度加法-比较-选择指令的译码，选择分支度量与操作数，合并多个计算结果，以及最大值比较结果输出。该专利技术应用于调制解调器、音视频等，能够大幅提升运算加速比。

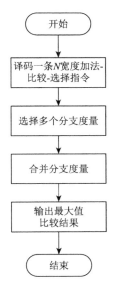

图 1.2　N 宽度加法-比较-选择指令执行流程图

3. 多路选择

【相关专利】

US7028171（Multi-way select instructions using accumulated condition codes，2002 年 3 月 28 日申请，已失效）

【相关内容】

US7028171 专利技术实现多路选择指令的译码，从并行控制寄存器（parallel control register）存储的多个指令操作数中选择至少一对源操作数，从这一对源操作数中选择一个源操作数作为结果并输出。运算过程如图 1.3 所示。

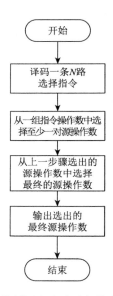

图 1.3　并行控制译码多路选择指令执行流程图

该专利技术支持的多路选择指令可以在两个时钟周期内执行完毕，其中多路包括 4、8、16、32、双 4、四 4 及更多路。专利功能的实现基于 2：1 选择器，通过接连多段的选择器层级以及控制实现多路选择。每个选择器的控制端由预设条件码设定，条件码由多段比较或最大/最小值指令生成。多路选择逻辑在全流水方式下执行（每时钟周期执行一条指令），如此可以实现在 $\log_2 N$ 周期内（甚至更少的时钟周期数内）完成 N 选一操作。

该专利技术的实现方法与第 2 部分 US7454601 专利技术相似，但控制寄存器功能相对简单，仅沿用了 US7454601 中的比较结果寄存器（包含比较操作），不包含其他的控制寄存器。

1.1.2　乘除法运算

1. 扩展精度的整数除法

【相关专利】

US7523152（Methods for supporting extended precision integer divide macroinstructions in a processor，2002 年 12 月 26 日申请，已失效，中国同族专利 CN 1270230C 和 CN 100543670C）

【相关内容】

该专利技术提出在处理器内部采用现有的浮点除法硬件电路计算扩展精度的整数除法的方法，以满足不增加整数除法硬件的情况下计算更高精度的整数除法的需求。例如，可以在用于计算 64 位有效位的浮点数的浮点除法硬件中支持有符号和无符号的 128 位除以 64 位的整数除法操作。该专利涉及新指令——扩展精度整数除法指令。

假设 128 位整数被除数 X 除以 64 位整数除数 Y，得到 64 位商 Q 和 64 位余数 R。如果将 128 位被除数 X 分为两份等长的整数 X_L 和 X_H，即高 64 位和低 64 位，即 $X = X_H \cdot 2^{64} + X_L$，则有 $X_L = Q_L \cdot Y + R_L$，$X_H \cdot 2^{64} = Q_H \cdot Y + R_H$，其中，$Q = Q_H + Q_L$，$R = R_H + R_L$。除法将分成高位和低位两次单独的 64 位处理。

接收扩展精度整数除指令后的计算过程如下：将被除数 X 的低位部分 X_L 以及除数 Y 由整数格式转换为浮点格式；在浮点单元执行被除数低位部分除以除数的浮点除法，得到浮点格式的低位部分的商以及余数；之后将浮点格式的低位部分的商以及余数转换为整数格式的 Q_L 以及 R_L。高 64 位的计算过程与上述低 64 位过程类似，额外需要增加的操作是浮点格式的商需要执行溢出检查及溢出异常的后续处理；如果高位结果和低位结果没有错误，将两个 64 位运算的结果相加，计算最终的商和余数。操作流程示例如图 1.4 和图 1.5 所示。其中图 1.4（a）展示了被除数的低位部分无符号除法操作，图 1.4（b）展示了被除数的高位部分无符号除法操作。图 1.5 展示了从被除数低位和高位分别进行除法操作到得到最终的商和余数的流程。该专利技术还可以处理有符号数的除法操作，除了前述计算过程还需要额外的除前和除后处理过程。除前处理是把除数和被除数从有符号格式转换为无符号格式；除后处理是确定商和余数的符号。

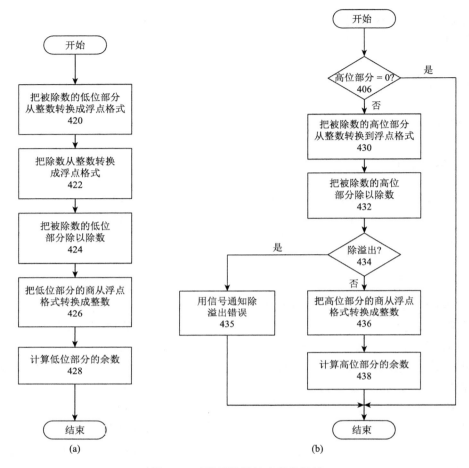

图 1.4　无符号扩展精度整数除法

2. 十进制浮点乘法

十进制浮点乘法运算，例如，对于两个表示为 $C_1 \cdot 10^{E_1}$ 和 $C_2 \cdot 10^{E_2}$ 的浮点数 D_1 和 D_2，通常需要系数 C_1 和 C_2 相乘，指数 E_1 和 E_2 相加，然后进行舍入操作。现有二进制指令编码和执行电路无法直接对十进制表示的浮点数进行操作，导致十进制浮点乘法运算复杂度高，运算时间长。

【相关专利】

US7912890（Method and apparatus for decimal number multiplication using hardware for binary number operations，2006 年 5 月 11 日申请，已失效）

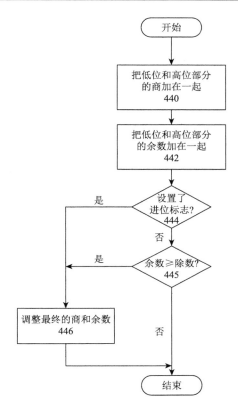

图 1.5　无符号扩展精度整数除法结果的除后处理流程

【相关内容】

该专利技术采用一种复杂度更低的二进制乘法运算代替通常的十进制乘法实现方法，运算过程中引入预计算常数（pre-calculated constants）实现计算的简化。

具体的运算过程如下。首先接收指数 E_1 和 E_2 以及系数 C_1 和 C_2。执行二进制乘法 $C' = C_1 \cdot C_2$。比较 C' 二进制位数 q 与预设定的精度位数 p，如果 q 比 p 小，说明不需要做舍入操作，直接得出精确的最终结果 $D = C' \cdot 10^E$，其中 $E = E_1 + E_2$。如果 q 比 p 大，首先舍入模块计算 $x = q-p$；通过查找存放有预计算常数的查找表，得到 $1/2 \cdot 10^x$ 以及约等于 10^{-x} 的预计算常数 K_x，其中 K_x 以一对正整数（k_x，e_x）存储在查找表中（$K_x = k_x \cdot 2^{-e_x}$）；执行二进制加法 $C'' = C' + 1/2 \cdot 10^x$，以及二进制乘法 $C^* = C'' \cdot K_x$；再对 C^* 右移 e_x 位生成最终的系数（floor number）C，对 C^* 做截断操作得出尾数 f^*；之后，对整体的结果进行舍入操作。运算过程如图 1.6 所示。

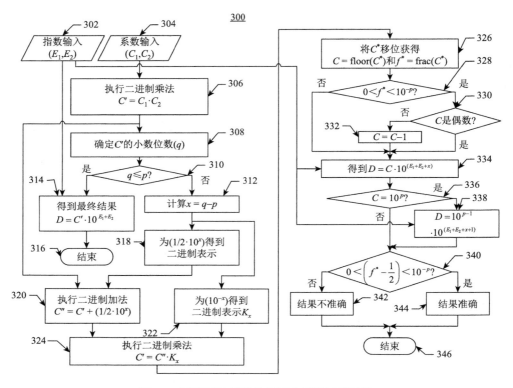

图 1.6　采用预计算常数的浮点乘法运算过程

3. 整数除法求余数

【相关专利】

US7979486（Methods and apparatus for extracting integer remainders，2007 年 11 月 28 日申请，已失效，中国同族专利 CN 1833220A）

【相关内容】

目前有许多有效的整数除法方法被广泛使用，例如，对于编译阶段除数已知，且除数在运行阶段保持不变的情况，使用除数的倒数与被除数相乘可以更快速有效地计算出商。已知的技术包括使用除数的比例缩放的近似倒数值（scaled approximate reciprocal of a divisor value）$w \approx 2^P/m$ 确定商和余数的方法，其中 m 是除数，P 是能够使 w 为整数而选定的比例值。假设 x 是被除数，已知 P 和 w，则可以将商的比例缩放近似值（$w \cdot x$）进行按位移位（bit shift）P 位，得到商 q，即 $q = w \cdot x \cdot (1/2^P)$。因为余数 $r = x - m \cdot q$，则将 x 减去商 q 和除数 m 的乘积，即可以

得到余数 r。该已知技术对于商和余数的计算量基本相同。然而通常余数比商更令人关注，如求模运算只需要返回余数值。

　　本专利技术是在上述已知技术上的改进，从除数的比例缩放的近似倒数值计算出的二进制值中求出剩余子集比特域（residuary subset bitfield）值，其中除数的比例缩放的近似倒数值与复合指数比例值相关联。后者是与作为复合指数比例值的一部分的上限和下限比特位置值相关联的邻接比特范围的一部分。该专利依据剩余子集比特域值来确定余数值。

　　在编译阶段利用复合指数来计算除数值 m 的补偿的比例缩放的近似倒数值 w_c，$w_c \approx w' = (2^{s+k})/m$，将其存入存储器供后续使用。值 s 和 k 的和被用作复合指数比例值。除数的比例缩放的倒数值 w'（可以是非整数值）是 w_c 的中间值。在编译阶段，计算 w_c 包括对 w' 执行上舍入运算。如果 w' 是非整数值，w' 被上舍入到下一个最接近的整数值以产生 w_c；如果 w' 是整数值，由于运行时除数值 m 是 2 的幂，因此可确定余数值等于比特域值。运算流程如图 1.7 所示。

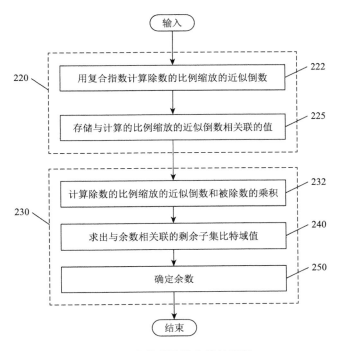

图 1.7　求整数除法余数的流程

1.1.3　复杂运算

　　对于复杂的运算，例如，非整数幂指数运算、对数运算以及三角函数运算等，计算机常用的两种处理方式就是利用泰勒展开式与查找表。本节介绍这两种方式相关的专利技术。

1. 幂指数运算

【相关专利】

US6996591（System and method to efficiently approximate the term 2^X，2000 年 12 月 27 日申请，已失效）

【相关内容】

函数 $f(x)=2^X$ 是常见运算，其中 X 是实数。在计算 2^X 的近似值时往往会涉及成本较高的浮点运算。专利技术提出一种高效计算 2^X 的近似值的方法和支持该方法的系统（见图 1.8）。该方法的核心是将实数 X 分成整数和小数部分，分别计算 2 的整数次方和 2 的小数次方，具体是经舍入操作、按位左移和整数加法等操作得出计算结果。计算步骤如下。

（1）对 X 进行向下舍入到最近整数的舍入操作，并通过公式 $\Delta X = X - \lfloor X \rfloor$，计算得到 ΔX；其中，$\lfloor X \rfloor$ 是 X 的舍入值（$\lfloor X \rfloor$ 也称地板函数，取小于 X 的最大整数），ΔX 是 X 的小数部分；

（2）计算 $2^{\Delta X}$ 的泰勒展开式的前 5 项的和，得到 $2^{\Delta X}$ 近似值；

（3）对 $\lfloor X \rfloor$ 进行逻辑左移得到 $2^{\lfloor X \rfloor}$，再与 $2^{\Delta X}$ 近似值相加得出 2^X 近似值。

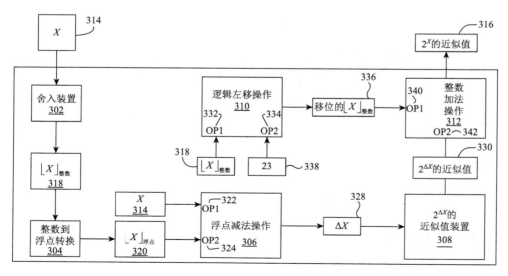

图 1.8　利用泰勒展开式计算 2^X

2. 计算正弦和余弦值对

【相关专利】

US7260592（Addressing mode and/or instruction for providing sine and cosine value pairs，2002 年 3 月 28 日申请，已失效）

【相关内容】

现有技术计算正弦和余弦是通过查找表技术，通常需要查找两个分别存储正弦值和余弦值的查找表，这就导致较长的延迟才能完成查找再输出结果。该专利技术提供了一种查找表更小、更高效的正弦和余弦值对寻址模式和计算指令，核心是使用正弦余弦表（sine cosine table，SCT）和相关电路。SCT 是一般查找表的 1/4 的容量，只需要包括第一象限（0°～90°）的正弦值，其余象限的正弦值通过角度变换到第一象限即可计算。如 SCT 中有 sin 30°的值，则可以计算第二象限 sin 150° = sin 30°，第三象限 sin 210° = −sin 30°，第四象限 sin 330° = −sin 30°；余弦值则可以通过互补角的正弦值进行计算。专利技术方案是接收计算正弦和余弦值对指令后，生成两个地址和象限，使用地址访问 SCT 读取正弦和余弦值对，必要时根据象限调整正弦和余弦值对每个值的符号，并输出结果。

SCT 结构如图 1.9 所示，主要包括正弦余弦阵列 210、正弦余弦控制寄存器（sine cosine control registers，SCCR）220 和符号调整器。正弦余弦阵列存储 2^M 个条目。SCCR 存储相位、步幅和缩放字段。相位和缩放耦合到索引选择器；索引选择器可以生成两个 SCT 地址，用于从与它耦合的正弦余弦阵列读出正弦和余弦条目；步幅用于递增相位的值。符号调整器使用接收的象限值调整正弦余弦条目输出的符号。

3. 任意函数近似计算

【相关专利】

US8676871（Functional unit capable of executing approximations of functions，2010 年 9 月 24 日申请，已失效）

【相关内容】

该专利技术提出了一种可以近似计算任意函数的方法，以及使用该专利技术的处理器及系统的结构。近似计算的输入是 n 位的操作数 X，该操作数可被分解为两部分

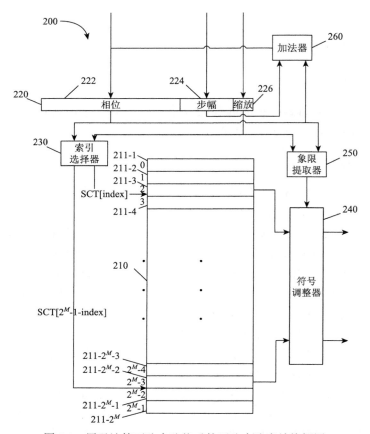

图 1.9 用于计算正弦余弦值对的正弦余弦表结构框图

X_1 和 X_2，表示为 $X = [X_1, X_2]$，其中 $X_1 = [x_1, x_2, \cdots, x_{m-1}]$ 和 $X_2 = [x_m, x_{m+1}, \cdots, x_n]$。将 X_1 输入查找表，查表所得结果为近似函数的系数 C_0、C_1 和 C_2。X_2 是近似函数的自变量，近似函数可表示为 $f(X) = C_0 + C_1 X_2 + C_2(X_2^2)$。

函数近似计算功能可以在处理器核中用硬件来实现。查找表中各组不同的系数用于区分不同需要近似的函数。举例来说，查找表的一部分可用于保存倒数函数的一组系数 C_0、C_1、C_2，另一部分则用于保存另一个函数的另一组系数 C_0'、C_1'、C_2'。

图 1.10 给出了处理器中函数近似计算逻辑。其中，格式化逻辑（formatting logic）负责接收输入操作数 X 并把它分解成 X_1 和 X_2 两部分。分解所得的 X_2 还要经过平方模块（squarer）计算出 X_2 的平方。最后，X_1、X_2 和 X_2^2 三项送入执行级进行最后的函数近似值计算。

在执行段中，查找表接收 X_1 项并产生系数 C_0、C_1 和 C_2。接下来，乘法器接收 X_2、X_2^2 项和系数 C_1、C_2，计算近似函数公式中的一部分：$C_1 X_2 + C_2(X_2^2)$。最后，计算所得的部分结果与系数 C_0 相加得到最终的近似函数计算结果。

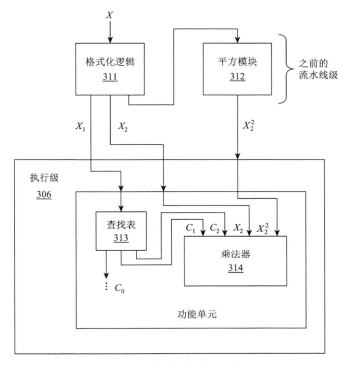

图 1.10　函数近似计算实现示例

通过 $C_0 + C_1 X_2 + C_2 (X_2^2)$ 这种近似函数的计算公式，我们可以计算很多不同函数的近似值。因此，该专利技术可衍生出许多不同的指令，每条指令对应一种函数近似值的计算。例如，可以用不同的指令实现下列函数的近似计算：$1/X$、$1/(X^{1/2})$、2^X、$\log_2 X$。为支持多个近似函数计算指令，查找表中记录多组不同的系数值。

1.2　浮点类指令执行

1.2.1　浮点指令的安全执行

浮点指令的执行需要消耗很长的时钟周期。尤其在流水线处理器中，一条指令尚未执行完毕，下一条指令已经送入流水线。因此，当一条浮点指令发生异常时，如进行浮点运算时经常出现的数据溢出，往往无法及时发现异常，导致异常处理缓慢、复杂、开销大。本节介绍浮点指令的安全识别和安全执行技术。

【相关专利】

（1）US5257216（Floating point safe instruction recognition apparatus，1992 年 6 月 10 日申请，已失效）

（2）US5307301（Floating point safe instruction recognition method，1993 年 4 月 13 日申请，已失效）

【相关内容】

本组专利技术描述了用于流水线浮点处理器安全指令识别的方法和装置，基于对每个操作数的指数的检测，使用相同的固定高低界限对应于每个指数公开一个简单的对称测试。并且，专利中描述了一个并行的安全指令识别网络，它允许同时测试高低界限的操作数指数，所有声明为安全的操作数，在加法、减法、乘法和除法操作中，能够保证在浮点处理器中不会出现上溢和下溢异常。US5307301 专利技术保护了一套在浮点流水线中识别安全指令的方法，确保操作数在执行加减乘除操作数时不会发生溢出和下溢的异常。而 US5257216 专利技术则保护了对应的流水线硬件逻辑。

快速识别安全指令的方法是使用两个独立的硬件逻辑测试模块（如一个比较器），来判断浮点操作数的指数是否在一个合理的范围内。如果两个模块的结果判断为是，则判断该指令安全；否则判断该指令不安全。如果一条指令被识别为"安全"，就意味着该指令的运行结果一定不会引起异常；如果一条指令被识别为"不安全"，就意味着该指令可能会引起一个内部异常，当然也可能不会引起一个内部异常，只有在指令执行完毕后才能判断其是否引起了一个异常。然而，当该方法识别一条指令为"不安全"时，它将暂停流水线，直到该指令执行完毕。

一条流水线可能包括以下几个阶段：

（1）预取（PF）；

（2）指令预译码（D1）；

（3）指令译码（D2）；

（4）取操作数（E）；

（5）执行阶段 1（X1）；

（6）执行阶段 2（X2）；

（7）输出结果（WF）；

（8）更新状态、错误（ER）。

浮点单元（float point unit，FPU）在预取和指令预译码阶段尚未激活，本组专利技术仅考虑后续六个阶段即指令译码到更新状态、错误阶段。如果在流水线执行期间捕获了一个异常，那么该异常需要在下一条指令的取操作数（E）阶段完成之前被发现。例如，如图 1.11 所示，如果一条乘指令被判断为"不安全"，那么它的下一条指令（加指令）必须在取操作数（E）阶段被暂停，直到乘指令执行完毕；同理，第三条指令（乘指令）必须在指令译码（D2）阶段暂停。

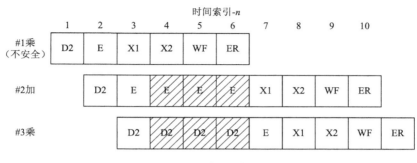

图 1.11 流水线暂停

浮点数符合 ANSI/IEEE 浮点格式标准，而浮点格式引起的异常通常有以下六种：

（1）非规格化——浮点操作数格式不规范；

（2）无效操作；

（3）清零；

（4）上溢——结果超过浮点格式所能表示的最大值；

（5）下溢——结果超过浮点格式所能表示的最小值；

（6）不精确——运算结果不精确。

前三种异常通常可以及时发现，不会构成严重问题。后三种异常只有在指令执行到最后的更新状态、错误（ER）阶段时才能发现。尽管如此，对于溢出和下溢异常，US5307301 和 US5257216 专利技术仍然可以通过早期检测来判断该指令是否可能存在异常。

具体做法是根据操作数指数位 E 的大小，来判断该指令是否可能存在溢出或下溢异常。如图 1.12 所示，通过一个比较器来判断操作数的指数位是否在一个合理的范围（设置的 $E_l \sim E_h$）内。如果是，则该指令安全；如果不是，则该指令不安全，需要暂停流水线。

1.2.2 四倍精度浮点加载与存储

相对整数运算，浮点运算需要更高的数据精度，一般有单精度（32 位）、双精度（64 位）、扩展精度（extended precision，80 位）三种。在当时预测的下一发展趋势是采用 128 位即四倍精度（quadruple precision）浮点数。1995 年前后由于

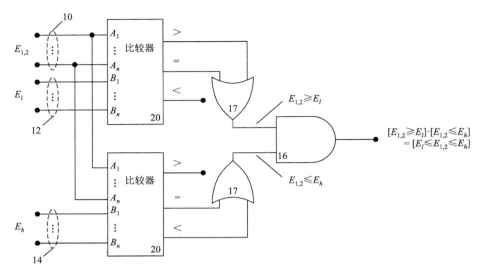

图 1.12　硬件逻辑

制造成本等的限制，128 位数据通路不可行，所以需要解决 128 位浮点加载与存储指令和当时 80 位数据通路的兼容性问题。需要指出的是，本节专利 US5729724 申请日期在 20 多年前，由于技术发展，如今 128 位浮点指令与数据通路已经得到广泛的使用。因此该专利技术应用场景有限。

【相关专利】

US5729724（Adaptive 128-bit floating point load and store operations for quadruple precision compatibility，1995 年 12 月 20 日申请，已失效）

【相关内容】

专利技术提供了自适应 128 位加载和存储操作，以支持 128 位四倍精度格式计算的架构扩展。在该架构扩展中，加载和存储指令在 80 位和 128 位浮点寄存器堆上提供保存和恢复操作。一个 128 位的加载和存储指令被用于移动存储器中 128 位对齐的数据值。寄存器保存和恢复操作中的数据传输需要数据在 128 位存储器边界和浮点寄存器堆中进行。同样的指令应用于 80 位和 128 位的寄存器上，将给定寄存器中的内容映射到 128 位存储器边界域（memory boundry filed）。此时，80 位数据被移动到 128 位边界域的高位，剩下的数据位填 0。当数据值被移动到存储器后，进行相反操作。

US5729724 专利技术保护了一种用于浮点数值运算的处理单元，其中包括了一个浮点寄存器和一个加载和存储单元，如图 1.13 所示。在一次存储操作中，浮点寄存器中的 80 位数据被移动到 128 位存储边界域的高 80 位,而低 48 位则被加载和存储单元用 0 填充。相反地,在一次加载操作中,128 位存储边界中的数据的高 80 位转移到浮点寄存器中,而低 48 位则被丢弃。因此,寄存器中的 80 位数据被左对齐到存储边界域中,如图 1.14 所示。

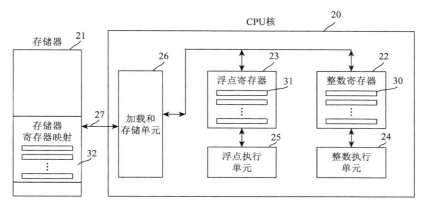

图 1.13 支持浮点加载和存储的处理器结构图

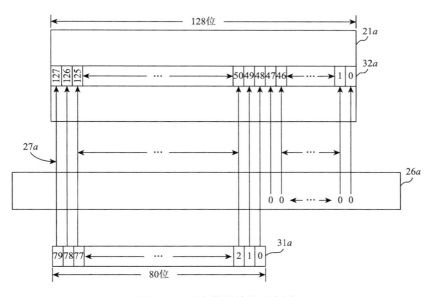

图 1.14 浮点数据转移示意图

应用程序常通过加载和存储指令来执行寄存器保存和恢复操作。相应地,由于该技术提供的兼容性,早期的基于 80 位浮点架构的应用程序能够使用 128 位的加载和存储指令来完成寄存器的保存和恢复操作。

1.2.3 避免浮点控制指令或设置的方法执行浮点指令

在执行英特尔的浮点指令时，通常使用 16 位 x87 FPU 状态寄存器（针对 x87 指令集）和 32 位 MXCSR 寄存器指示浮点指令执行异常、掩码位、舍入模式等。x87 FPU 状态寄存器和 MXCSR 寄存器的信息见图 1.15 和图 1.16。

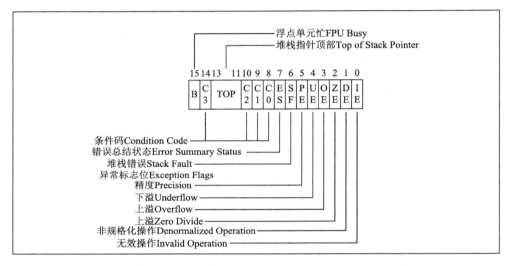

图 1.15　x87 FPU 状态寄存器[1]

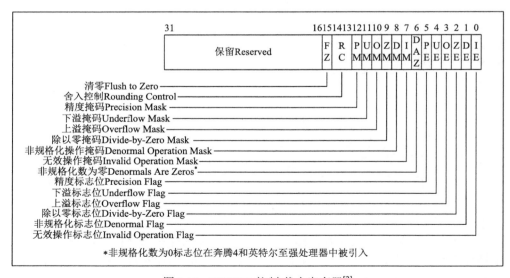

图 1.16　MXCSR 控制/状态寄存器[2]

在流式传输单指令多数据扩展 4.1（streaming single instruction multiple data extensions 4.1，SSE4.1）指令集推出之前，浮点指令的控制操作基本都由上述两个寄存器的控制位来提前设置。但是在一定程度上绕开访问和修改浮点控制寄存器能降低延迟时间，因此在 SSE4.1 指令集中推出了浮点舍入指令，可以由立即数设置舍入模式，不再需要读取 MXCSR 寄存器的舍入模式设置。之后其他的浮点指令有包含浮点控制数指示类似的（部分）绕开访问或修改浮点控制寄存器设置。

本节包含两部分专利技术。第 1 部分专利是在 SSE4.1 指令集推出之前，对于严格顺序的特定浮点舍入指令序列的执行，可以在检测到该序列后转换成新的指令序列，以绕开执行浮点控制指令。第 2 部分专利技术给出了在指令中包含控制字，从而完全绕开浮点控制寄存器默认设置或者结合部分默认设置执行浮点操作的流程和方法。第 2 部分专利技术适用于 SSE4.1 指令集之后的浮点指令，如乘累加、加法、乘法、平方根等。

1. 特定浮点舍入序列执行优化

在使用 x87 指令集、单指令多数据（single instruction multiple data，SIMD）的 SSE、SSE2 和 SSE3 指令集完成浮点到整数的舍入操作，都需要先将处理单元设置成该舍入模式（处理器不会自动保存当前舍入模式）。具体包含如下步骤：

（1）保存当前舍入模式；

（2）设置新舍入模式；

（3）执行舍入转换操作；

（4）恢复之前存储的舍入模式。

其中完成除第三步之外的步骤都需要用浮点控制指令。执行浮点控制指令耗时并可降低处理器性能。x87 指令集使用 16 位 x87 FPU 状态寄存器中的两位设置舍入模式；而 SSE、SSE2、SSE3 指令集使用 32 位 MXCSR 寄存器的两位。因此相关浮点控制指令和上述两个寄存器相关。第 1 部分专利是在接收并识别到在特定舍入模式指令序列后，不执行浮点控制指令，而将源指令序列转换成另一个指令序列完成浮点舍入的技术方法。

SSE4.1 指令集的浮点舍入指令由立即数设置舍入模式，不再需要读取 MXCSR 寄存器的舍入模式设置。而且其他 SIMD 指令集不包含浮点舍入指令，因此第 1 部分的专利技术用于 2003 年专利申请后的 x87 浮点、SSE、SSE2 和 SSE3 指令集的实现优化。并且，指令序列限定严格，中间不可插入其他指令。

【相关专利】

US7380240（Apparatus and methods to avoid floating point control instructions in floating point to integer conversion，2003 年 12 月 23 日申请，已失效，中国同族专利 CN 1894665 B）

【相关指令】

浮点控制指令相关的浮点转换成整数的指令序列。US7380240 专利中相关被避免使用的浮点控制指令。

（1）x87 指令集。

FLDCW（load FPU control word，记载浮点单元控制字）指令将 16 位源操作数（存储位置）的值加载到 FPU 控制字。

FSTCW/FNSTCW（store x87 FPU control word，存储 x87 浮点单元控制字）指令将当前 FPU 控制字的值存储到指定存储位置。FSTCW 指令在存储前检查并处理未处理的未掩码浮点异常，而 FNSTCW 指令不检查处理。

（2）SSE、SSE2、SSE3。

LDMXCSR（Load MXCSR register，加载 MXCSR 寄存器）指令将 32 位源操作数（存储位置）的值加载到 MXCSR 状态控制寄存器。

STMXCSR（save MXCSR register state，保存 MXCSR 寄存器状态）将 MXCSR 状态控制寄存器的内容存储到目的操作数（32 位存储位置）。

【相关内容】

二进制浮点 IEEE 标准 754-1985 定义四种舍入模式：向最接近数舍入、向负无穷大舍入、向正无穷大舍入、舍入到零。识别到指令序列中指令舍入模式变换的序列，即：

（1）保存当前舍入模式的指令；

（2）设置新舍入模式的指令（不包括舍入到零）；

（3）按新舍入模式将浮点数舍入到整数的指令；

（4）设置原模式的指令。

根据所识别的浮点控制指令的舍入模式选择一个新序列格式；使用新序列格式将识别到的指令序列转换成新指令序列；执行新序列格式。将源序列二进制码转换成新序列二进制码的流程示例见图 1.17。

图 1.18 更进一步给出了转换流程中向负无穷大和正无穷大舍入序列执行方法。若原舍入模式为向负无穷大舍入，则执行舍入到零模式，将原浮点数转换成另一个浮点数；如果该浮点数为非正，且不等于原浮点数的值，则将该浮点数减 1 产生新浮点数，将新浮点数表示转换成整数表示并存储。若原舍入模式为向正无穷大舍入，则执行舍入到零模式，将原浮点数转换成另一个浮点数；如果该浮点数为非负，且不等于原浮点数的值，则将该浮点数加 1 产生新浮点数，并将新浮点数表示转换成整数表示并存储。

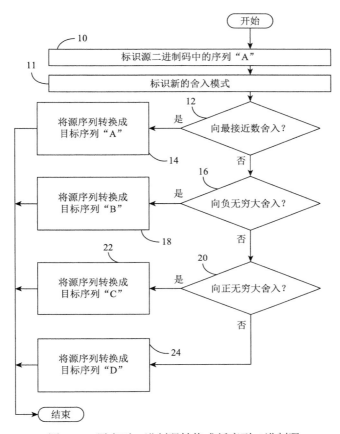

图 1.17　原序列二进制码转换成新序列二进制码

2. 浮点控制重写

【相关专利】

（1）US8327120（Instructions with floating point control override，2007 年 12 月 29 日申请；预计 2028 年 7 月 5 日失效）

（2）US8769249（Instructions with floating point control override，2012 年 11 月 6 日申请；预计 2027 年 12 月 29 日失效）

【相关内容】

专利技术涉及与浮点控制重写（override）相关的方法和硬件。方法是通过在浮点指令中添加重写控制数据位，如立即数控制舍入模式，在执行浮点指令时，基于指令包含的控制数据无视或修改浮点控制寄存器默认设置。同时，浮点单元会基于重写控制数据完全或者结合被修改的默认设置来执行浮点操作。

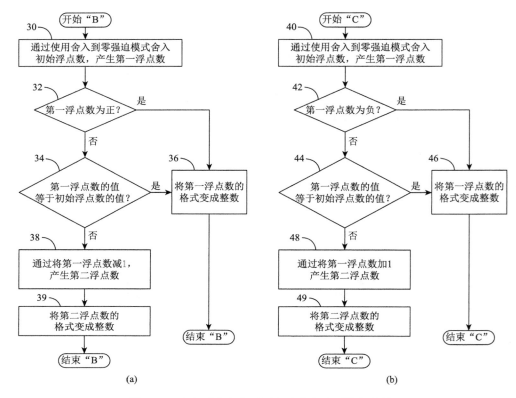

图 1.18　向负无穷大和正无穷大舍入序列执行方法

（a）为负无穷大；（b）为正无穷大

浮点控制设定重写流程如图 1.19 所示。首先，取指单元接收浮点指令；接着，判断逻辑确认该指令是否包含重写控制数据。重写控制数据可能含有需要修改的一个或多个浮点操作设定。重写控制数据可由指令的操作数提供。若指令不包括重写控制数据，则浮点单元根据默认设置执行浮点指令；如果指令包括重写控制数据，则控制数据检测逻辑判断其是否重写所有设定，若是，则浮点单元根据重写的控制数据执行浮点指令；否则，舍入设定由默认设置，重写控制数据提供的设定，以及重写控制数据修改的默认设置组成，再由浮点单元根据设定完成舍入操作。其中硬件添加重写控制数据检测逻辑。

浮点指令中的重写控制数据可包括以下内容。

（1）舍入模式位（rounding mode bit）：确定舍入模式，如最近舍入（round to nearest，RN）、向下舍入（round down，RD）、向上舍入（round up，RU）、向零（截断）舍入（round to zero，RZ）等。

（2）异常开关位（exception-disable，ED）：是否报告浮点异常。

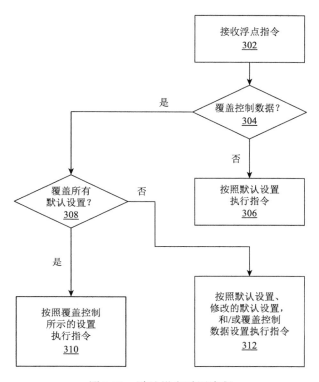

图 1.19　默认设定重写流程

（3）清零（flush to zero，FTZ）：表征舍入操作后非常值是否归零。

（4）非规格化值为零（denormal as zero，DAZ）：表征舍入操作前非规格化值是否为零。

（5）精度控制域（precision control field）：控制舍入操作精度。

（6）指数位宽控制域（exponent width control field）：控制浮点格式中指数位宽大小。

本组专利技术保护了两个逻辑电路，第一个逻辑电路接收包含重写控制数据的浮点指令，并且指示需要修改的控制设定；第二个逻辑电路根据指令的控制设定，完成浮点操作。

本组专利技术在一次浮点运算指令（如浮点加、浮点减、浮点乘加）中，通过控制位选择舍入模式，同时实现运算与舍入操作。举例说明，图 1.20 描述了一次浮点运算的执行过程，该过程完成了 a 除以 b 操作。其中，MOVAPS 指令执行加载操作，将指令中右边的数（第二操作数）加载到左边的寄存器（第一操作数）；RCPPS 指令执行求倒数近似；FNMARndPS 表示浮点（带舍入）负乘加操作（result = src1 − src2 × scr3）；FMARndPS 指令执行浮点（带舍入）乘加操作（result =

src1 + src2×src3）；而浮点指令中的立即数 imm8 则指定重写控制数据。图 1.20 中的 FNMARndPS 和 FMARndPS 指令的重写控制数据位为 8，表示最近舍入 RN 模式，异常开关位 ED 开启。则图 1.20 描述了使用浮点指令中重写控制数据完成舍入模式设定并且完成浮点操作的过程。

```
MOVAPS xmm0, a
MOVAPS xmm1, b
MOVAPS xmm3, 1.0
MOVAPS xmm4, 0.0
RCPPS xmm2, xmml              ;;;; y_0～1/b
FNMARndPS xmm3, xmm3, xmm2, xmml, 8
                ;;;; e_0 = 1−b*y0(RN mode, ED on)
FMARndPS xmm4, xmm4, xmm0, xmml, 8
                ;;;; q_0 = a*y_0(RN mode, ED on)
FMARndPS xmm2, xmm2, xmm2, xmm3, 8
                ;;;; y_1 = y_0 + y_0*e0(RN mode, ED on)
```

图 1.20　浮点指令执行实例

1.2.4　并行流水线浮点单元执行浮点向量处理

现有流水线浮点处理器采用单个深度流水线（deep pipeline）进行向量处理。这种处理方法对于高强度向量处理有缺点，而且对于处理简单指令和复杂指令相同的等待时间，流水线效率较低。

【相关专利】

US7765386（Scalable parallel pipeline floating-point unit for vector processing，2005 年 9 月 28 日申请，预计 2025 年 9 月 28 日失效，中国同族专利 CN 1983164 B）

【相关内容】

为替代现有的单个浮点深度流水线，该专利提出了一种采用并行多个浮点流水线，能高效处理浮点向量执行的技术方案。具体方法是将向量输入分解为一组独立的标量分量，再将标量分量转发到多个浮点流水线以并行处理，因此通过改变流水线的数量，可适应多样的计算需求。同时，用一个简单的仲裁模式以异步方式将浮点结果分配到输出缓冲器并重新组装整个向量结果。该仲裁模式还通过在命令完成时而非分派时分配输出缓冲器空间来提供改进的阻止死锁，产生高的流水线利用率。专利技术在计算能力和缓冲深度方面提供了高可扩展性。

专利保护的装置浮点向量转换成并行流水线处理逻辑框图如图 1.21 所示，包括输入队列 210、向量输入选择器 220、调度器 230、浮点部件 240、仲裁器和组装单元 250 及输出部件 260。输入队列有多个向量输入，每个输入包括一个浮点指令和相关的向量数据；调度器按照指令和部件的可用性等分配向量输入到浮点部件处理，同时将唯一标识 ID 或序列号分配给每个向量输入，并将唯一 ID 转发到仲裁器和组装单元；浮点部件包含并行且相互独立的多个浮点流水线；仲裁器和组装单元将向量输入的所有标量分量处理完毕之后，为每个结果向量组装所得结果，并写入到输出部件。

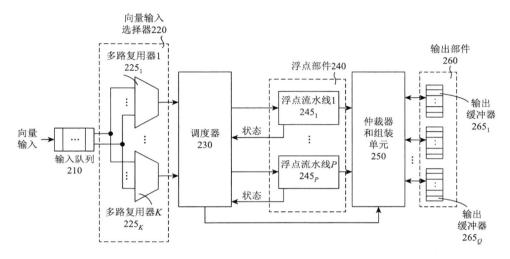

图 1.21　浮点向量转换成并行流水线处理逻辑框图

1.3　向量操作实现和优化

科学计算、图像或图形处理及数字信号处理等高计算密集应用的普及，对处理器的数据并行处理能力提出新的要求。向量计算是提高数据并行处理能力的有效方法，因此 x86 处理器较早引入了向量计算指令，本节给出英特尔在实现向量操作并进一步加快执行的一些创新。

1.3.1　利用主从数据通路交错执行向量指令

为了减少功耗及尺寸，本小节专利技术不采用全尺寸的向量通路，而是将向量的低部分用标量数据通路处理，高部分用附加数据通路处理。其中附加数据通路（从属数据通路）由标量通路（主数据通路）控制开关，控制交错的延迟时间由从属数据通路获得所需数据的时间确定。

【相关专利】

US7457938（Staggered execution stack for vector processing，2005 年 9 月 30 日申请，已失效）

【相关指令】

可以用在 AVX 指令集（含）之后的指令集逻辑实现。

【相关内容】

该专利技术提出的一种装置包含控制级能控制处理器的主和从两个数据通路，每个通路都包含各自的寄存器堆和相连的执行单元。该装置执行一条指令，由两个通路的两个执行单元分别执行向量操作数的两个部分，其中从通路（也称辅助通路）执行比从主通路执行至少晚一个时钟周期。

图 1.22 和图 1.23 分别给出了执行 256 位向量指令的简化系统框图和执行流程。其中低 128 位在标量数据通路 A 执行，高 128 位在从数据通路 B 执行。总线 108 耦合两个通路，专用的控制总线从控制级 A 提供给通路 B。另外，如果向量数据宽度为 512 位，指令被译码为两个微操作，可以先在两通路上执行低 256 位微操作，再执行高 256 位微操作。

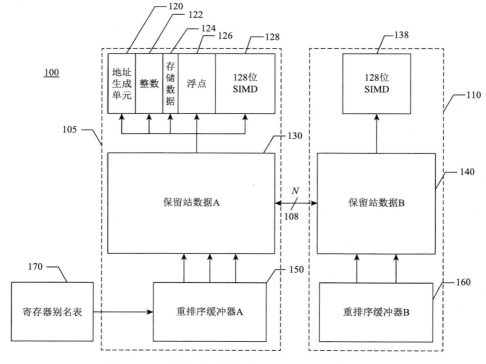

图 1.22　主从通路交错执行向量指令处理器简化框图

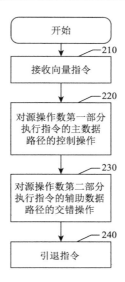

图 1.23　主从通路交错执行向量指令流程图

1.3.2　聚集/分散

聚集指加载或存储器读取；分散指存储或存储器写入。本小节专利技术和向量访存操作（vector memory operations）相关，包括聚集/分散（gather/scatter）类指令的执行方法，分别聚焦在解决地址冲突和加快访存速度的问题。

【相关专利】

（1）US7627735（Implementing vector memory operations，2005 年 10 月 21 日申请，已失效，中国同族专利 CN 100489811C）

（2）US8316216（Implementing vector memory operations，2009 年 10 月 21 日申请，已失效）

（3）US8707012（Implementing vector memory operations，2012 年 10 月 12 日申请，已失效）

（4）US8230172（Gather and scatter operations in multi-level memory hierarchy，2009 年 12 月 3 日申请，已失效）

【相关内容】

US8316216、US7627735 和 US8707012 专利技术：并行聚集和分散访存有两种基本策略，包括：①伪并行，将地址入队列，按标量逐一完成访存；②真并行，多条访存流水线，并行执行。对于后者，效率高，但是存在一个问题，就是同一批访存，如果地址包含对同一高速缓存存储体（cache bank）的访问，就会出现部件冲突，从而降低访存效率。为解决真并行存在的问题，本组专利技术提出了一种装置和执行方法。装置核心是地址生成器（address generation unit，AGU），能够从接收到的向量访存指令中生成多个地址，多个地址提供对存储器的多个分区的无冲突访问和对寄存器堆的多个簇的无冲突访问。该地址生成器可以包括全局单元和多个独立单元。图 1.24 给出了包含多个并行 AGU 的数据路径框图。

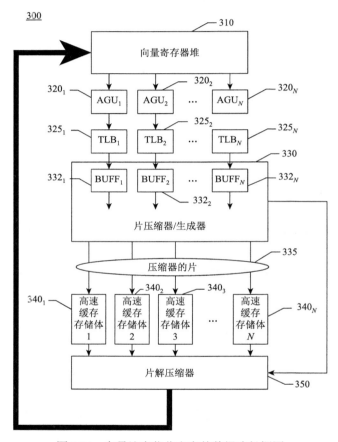

图 1.24 向量访存优化方案的数据路径框图

US8230172 专利技术提出一种将数据从内存加载到中央处理器中，执行完再存储出去的策略。该策略能够预测数据存到高速缓存的哪一级效率最高。例如，常用的或具有局部性的数据，存入 L1 高速缓存；不常用的或无局部性的数据，存入层次较低的高速缓存。本专利涉及的硬件对程序员透明，硬件直接预测预取的数据应该放到哪一级高速缓存中。图 1.25 给出了具有多级存储结构的聚集和分散系统。

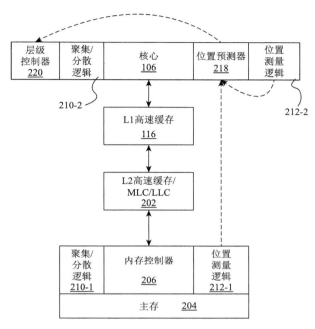

图 1.25　具有多级存储结构的聚集和分散系统

第 2 章 访 存 相 关

受限于处理器内部寄存器规模，程序执行过程中所需数据应以访存方式由外部存储导入处理器，由此产生大量访存操作。访存操作，也称为加载和存储操作、LOAD/STORE 指令或 L/S 指令。访存操作延迟比流水线执行延迟高很多，执行程序的整体运行时间对处理器的访存性能影响极大。有效地进行访存管理，减少处理器访存延迟，对提高计算机系统整体性能有重要意义。

访存操作的逻辑优化与存储层次结构是处理器设计的两个重要方面。值得注意的一点是，通用寄存器结构几乎存在于所有的指令集体系结构（instruction set architecture，ISA）中。其中操作数是寄存器或存储器地址。80x86 是寄存器-存储器 ISA，可以在很多指令中访问存储器。ARM 和 MIPS 是载入-存储 ISA，需要用载入、存储指令访问存储器。现在新版本的 ISA 采用的都是载入-存储 ISA。本章主要研究了加载和存储指令的相关处理、介绍访存性能的优化技术实现，着重于性能优化方面的硬件逻辑设计，最后介绍了存储层次中最核心的高速缓存相关技术实现。

2.1 加载和存储指令的实现

2.1.1 高级加载

【相关专利】

（1）US6216215（Method and apparatus for senior loads，1998 年 4 月 2 日申请，已失效）

（2）US6526499（Method and apparatus for load buffers，2001 年 1 月 10 日申请，已失效）

US6526499 专利是 US6216215 专利的分案。

【相关内容】

在取指-译码-执行-写回-引退（fetch-decode-execution-write back-retire）流水线架构中，提前引退指令可以减少顺序执行结构处理器的后续指令停顿。然而，乱序处理器由于分支误预测会引发清空流水线，而清空流水线操作会等前面的指令都引退之后，将后续指令清除掉并重新取指令。此时，尚未进入异常段的预取指令会被直接终止（因为已标记为引退，会被流水线误认为已经完成）。对于加载指令，提前引退会造成目标寄存器错误覆盖的问题。

本组专利技术涉及一种用于提供高级加载指令类型的方法和装置。高级加载（senior load）指获取数据之前就可以引退的加载指令，该类指令不改写寄存器内容，指向的数据不需要被写回重排序缓冲器。例如，预取指令（PREFETCH）是一种高级加载，该指令将未来可能用到的数据预先从内存中取出，存入某指定层高速缓存中，类似于直接存储器存取指令。由于数据没进核心（不进寄存器，不参与流水），可能的延迟也比较长，因此有必要先标记为引退，让它在后台慢慢执行。执行中，由存储器排序单元（memory ordering unit，MOU）确定加载指令是否为高级加载指令并将高级加载指令存储到负载缓冲区中。

如图 2.1 所示，专利说明书中给出了一个从 L1 高速缓存控制器引退的高级加载的控制和数据流，每个步骤用带圈数字显示序列的顺序。高级负载在执行之前从 L1 高速缓存控制器 250 写回数据有效位（不返回数据本身）。当 L1 高速缓存控制器将写回数据有效位发送到重排序缓冲器和寄存器堆 220 时，该指令已准备好在步骤③中引退。在步骤③之后，将启动请求并执行步骤④～⑧。相较于高级加载从存储器排序单元，从 L1 高速缓存控制器引退可以有效避免分支误预测产生的错误等问题。

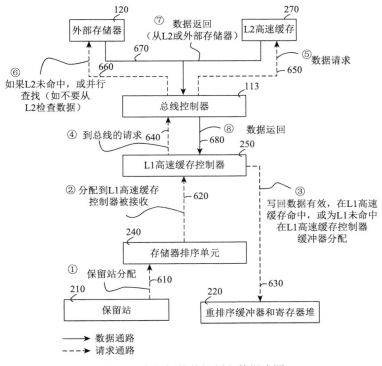

图 2.1 高级加载的控制和数据流图

2.1.2 屏障指令

Fence 类指令如 SFENCE、LFENCE 和 MFENCE 指令的引入为保证内存访问的串行化，即在一系列内存访问中添加若干延迟，保证此指令之后的内存访问发生在此指令之前的内存访问完成之后（不出现重叠）。SFENCE 执行写串行化，LFENCE 执行读串行化，MFENCE 执行读写串行化。1999 年推出的奔腾Ⅲ开始支持 SSE 指令集中的 SFENCE 指令。2001 年推出的奔腾®4 产品中开始支持 SSE2 指令集中的 LFENCE 和 MFENCE 指令。

【相关专利】

（1）US6678810（MFENCE and LFENCE micro-architectural implementation method and system，1999 年 12 月 30 日申请，已失效）

（2）US6651151（MFENCE and LFENCE micro-architectural implementation method and system，2002 年 7 月 12 日申请，已失效）

（3）US8171261（Method and system for accessing memory in parallel computing using load fencing instructions，2003 年 9 月 2 日申请，已失效）

（4）US6862679（Synchronization of load operations using load FENCE instruction in pre-serialization/post-serialization mode，2001 年 2 月 14 日申请，已失效）

（5）US7249245（Globally observing load operations prior to fence instruction and post-serialization modes，2004 年 2 月 12 日申请，已失效）

（6）US7284118（Method and apparatus for synchronizing load operations，2004 年 2 月 12 日申请，已失效）

（7）US7181598（Prediction of load-store dependencies in a processing agent，2002 年 5 月 17 日申请，已失效）

【相关指令】

（1）SFENCE（serializes store operations，序列化存储操作）指令能对 SFENCE 指令之前发射的所有存储指令执行序列化操作。序列化操作确保按程序顺序 SFENCE 指令前面的每一条加载指令对 SFENCE 指令后面的任意存储指令来说全局范围可见。

（2）LFENCE（serializes load operations，序列化加载操作）指令能对在 LFENCE 指令前面发出的所有加载指令执行序列化操作。此序列化操作确保按程序顺序 LFENCE 指令前面的每一条加载指令对 LFENCE 指令后面的任意加载指令来说全局可见。

（3）MFENCE（serializes load and store operations，序列化加载和存储操作）指令能对 MFENCE 指令之前发出的所有加载与存储指令执行序列化操作。此序列化操作确保：在对 MFENCE 指令后面的任何加载与存储指令之前，可以在全局范围内看到 MFENCE 指令前面（按程序顺序）的每一条加载与存储指令。

在 SFENCE 指令前的写操作必须在 SFENCE 指令后的写操作前完成。在 LFENCE 指令前的读操作必须在 LFENCE 指令后的读操作前完成。在 MFENCE 指令前的读写操作必须在 MFENCE 指令后的读写操作前完成。

【相关内容】

相关专利序号（1）～（3）的 US6651151、US6678810 与 US8171261 专利家族，US6651151 为母案，后两者为其接续案。本组专利提出一种加载屏障指令 LFENCE 的处理逻辑。接收到一条加载屏障指令之后，将该条指令前后的加载指令分开，将旧的（即该条指令之前的）加载指令存入存储器排序单元，并暂停执行新的（该条指令之后的）加载指令。待旧的加载指令逐步执行完毕退出流水线后，执行该条加载屏障指令。处理器中的加载屏障指令执行示例见图 2.2。LFENCE 处理流程如图 2.3 所示。

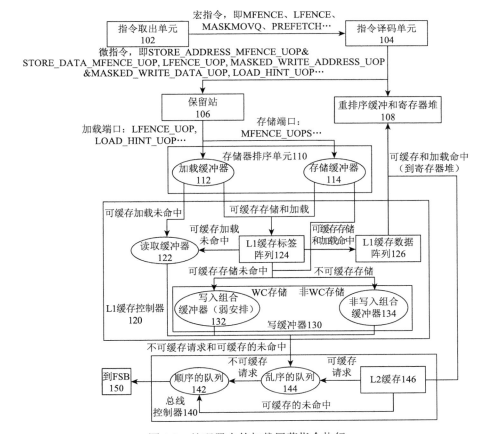

图 2.2　处理器中的加载屏蔽指令执行

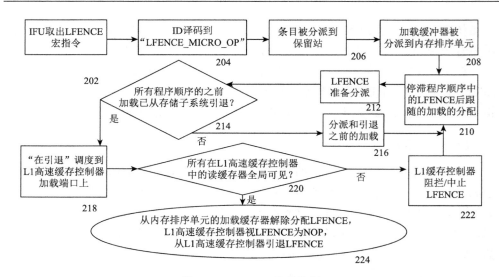

图 2.3　LFENCE 处理流程

相关专利序号（4）～（6）的 US6862679、US7249245 和 US7284118 是同族专利，后两者是前者的分案。US6862679 专利技术描述了 LFENCE 指令在同步加载数据操作中的执行过程，包括 LFENCE 指令从分配到存储器排序单元一直到前序加载指令的执行，最终由 L1 高速缓存控制器（L1 cache controller，L1CC）决定是否接收的执行过程。如图 2.4 所示，LFENCE 指令一经接收，由存储器排序单元分配到 L1CC，接下来由 L1CC 依据 L1 高速缓存控制器缓冲器中的加载指令是否全局可见，决定该条 LFENCE 指令是否被 L1CC 接收。如果不是全局可见，LFENCE 指令将被 L1CC 阻塞，等待存储器排序单元将其重新分派到新的可用内存流水线中；如果全局可见，继续判断后续串行是否为增强模式，如果不是，该条 LFENCE 指令之后的指令只能按序执行；否则，该条 LFENCE 指令之后的指令可以乱序执行。之后，LFENCE 指令被 L1CC 接收，不再发送任何阻塞信息给存储器排序单元，并且将存储器排序单元中加载缓冲器（load buffer）存放的该条 LFENCE 指令所在条目标记为未分配状态。

与 US6862679 同族的 US7249245 专利技术提供方法和硬件设计用最少的硬件资源实现加载操作的同步，支持 LFENCE 逻辑优化的处理器如图 2.5 所示。该专利提出 LFENCE 指令实现所有加载不必在 LFENCE 被 L1CC 接收之前就要全局可见，LFENCE 也不被存储指令所堵塞。设计的处理器包括：译码 LFENCE 的译码逻辑，支持前序串行（pre-serialization）、后续串行（post-serialization）以及增强（enhanced）三模式（支持 LFENCE 指令）的控制寄存器，执行译码后的 LFENCE 指令的执行单元。

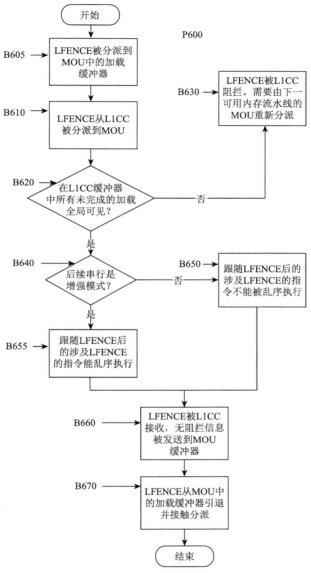

图 2.4 同步加载操作流程图

　　和 US6862679 同族的 US7284118 专利提供方法和硬件逻辑实现低代价加载同步。通过定义 LFENCE 指令，结合 L1CC 中控制寄存器的前序串行模式（pre-serialization mode，MPRE）和后序串行模式（post-serialization mode，MPOST）控制位，实现加载同步。与现有技术同步的方法包括使用输入/输出指令、特权指令、序列化指令、锁定指令等相比，不再依赖于寄存器、长执行时间以及牺牲系统对应用级用户的可用性。

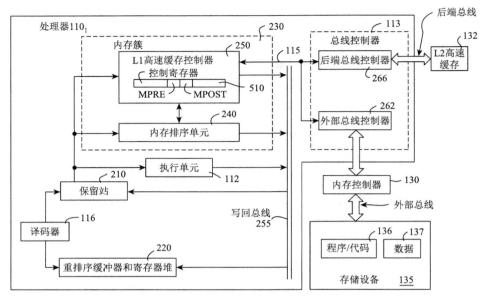

图 2.5　LFENCE 逻辑优化的处理器

相关专利序号（7）的 US7181598 专利提出了对加载和存储指令相关性预测提供管理加载指令的技术。在执行过程中，加载指令需要被停顿直至前序的存储执行完毕，因此处理器资源常被花费在执行加载指令以及推测失败后加载指令可能需要的重执行上。该专利技术提出的方法主要是：接收一条加载指令，预测该指令是否与前序存储指令相关，如果是则识别两者距离[①]，确定该相关存储是否在当前处理器的执行单元内，如果在就将该加载指令标记为两者距离后存储起来。详细流程示例见图 2.6。

2.1.3　先进加载

先进加载（advanced load）可在对加载指令进行调度时，通过允许加载指令越过前序存储指令，实现加载指令在更大的调度窗口内预取，从而提升访存性能。因为加载指令常与存储相关（例如，写后读），不加任何措施就将加载指令提前到存储指令之前进行预取，往往会引发程序逻辑错误。先进加载指令是针对这种情况提出的，通过硬件逻辑对加载指令进行细分，检测加载指令、存储指令相关性，判别加载指令与前序存储指令是否具有相关性，从而实现加载指令在更长的时间窗口中被预执行。相关专利申请时间集中在 2000 年左右，专利技术应用于英特尔酷睿系列处理器中。

---

① 距离定义为最新接收的存储跟该加载相关的存储之间的存储指令数。

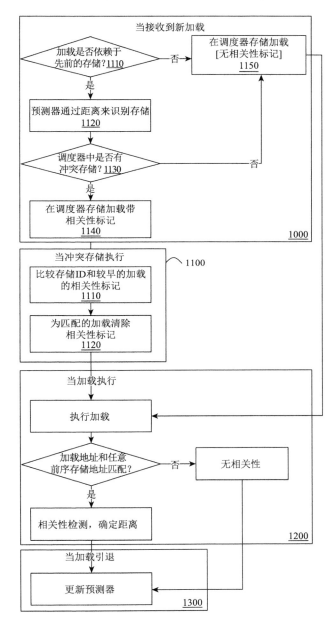

图 2.6 加载和存储指令相关性预测流程图

【相关专利】

（1）US6658559（Method and apparatus for advancing load operations，1999 年12 月 31 日申请，已失效）

（2）US6728867（Method for comparing returned first load data at memory address regardless of conflicting with first load and any instruction executed between first load and check-point，1999 年 5 月 21 日申请，已失效）

（3）US6598156（Mechanism for handling failing load check instructions，1999 年 12 月 23 日申请，已失效，中国同族专利 CN 1248108C）

（4）US6681317（Method and apparatus to provide advanced load ordering，2000 年 9 月 29 日申请，已失效）

（5）US6725362（Method for encoding an instruction set with a load with conditional fault instruction，2001 年 2 月 6 日申请，已失效）

（6）US7441107（Utilizing an advanced load address table for memory disambiguation in an out of order processor，2003 年 12 月 31 日申请，已失效）

【相关内容】

US6658559 和 US6728867 专利技术通过在加载指令处插入检查指令，实现将加载指令提前执行，能提升预取时间长度，优化访存性能。具体方法是通过在运行时保证先进加载指令不受之前存储指令的限制（不会发生写后读被破坏的现象），基于编译器的指令调度，将加载指令带来的流水线停顿降到最低。调度在原则上不能导致程序错误，例如，写后读，加载指令不能调度到存储指令之前。另外，编译器指令调度是静态完成的，对于那些间接寻址的访存指令，需要冒一定风险。这类先进加载指令也可以冒险调到存储指令之前，但是需要插入地址比较指令，在运行时判断这对加载指令和存储指令是否对同一地址操作。若是，说明调度失败，返回检查点；否则推测成功，继续运行。图 2.7 给出了 US6658559 和 US6728867 专利技术中核心硬件查找逻辑和先进加载地址表。图 2.8 给出了先进加载指令操作实现流程。

US6725362 专利针对加载指令被提升为先进加载指令后，可能因访问被保护区域、不存在内存区域等原因触发错误或异常而需处理的情况。该专利技术在触发异常后，根据条件操作符（conditional operator）进行相应处理，具体操作步骤见图 2.9。

US6681317 专利技术提出先进加载地址表（advanced load address table，ALAT）硬件逻辑。先进加载地址表的作用是对每一条被提升为先进加载指令，在该表中分配一个条目保存该加载指令的地址。如果在 check 指令前有对该地址的存储操作，则该条目被删除。当执行到该条加载指令原有位置（此时为 check 指令）时，进行查找 ALAT 操作。若 ALAT 没有找到相应地址，则说明这条加载指令的提升（advanced）操作是失败的，需重新加载。然而在多核中，多个处理器或线

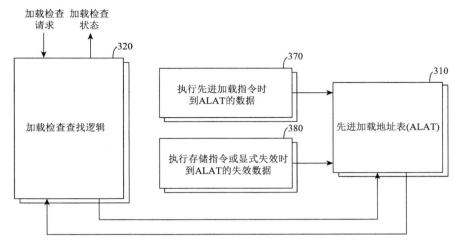

图 2.7 先进加载指令的识别-查找逻辑和先进加载地址表

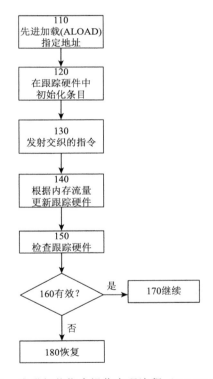

图 2.8 先进加载指令操作实现流程（US6728867）

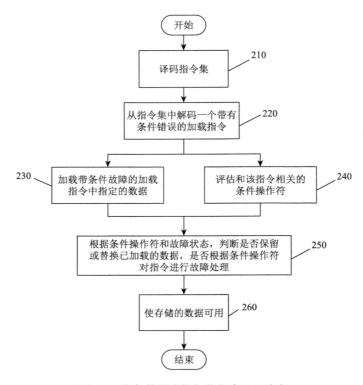

图 2.9　带条件故障的加载指令处理流程

程对共享内存进行读写时，作为全局调度的 ALAT 应该为每个线程保持访存顺序，以此来保证访存正确性。具体实现中，在和该 ALAT 耦合的先进加载排序单元确保先进加载指令被提升到超过排序边界时，排序依旧有效。说明书中给出了排序边界可以由基于带获取和释放语义的边界指令设定，例如，加载获取指令 LD.ACQ 和存储释放指令 ST.REL。此专利技术将 ALAT 扩展到多核领域应用。图 2.10 给出了使用先进加载指令具有双端口结构的处理器，电路模块能确保获取的用于强制排序的指令在检查指令之前可见。

US6598156 专利提出加载检查操作（load check）用于先进加载指令，实现加载指令的推测执行。现有技术是在原来的加载指令位置加入一条加载检查指令，用于判断推测执行的加载指令是否与该位置之前的存储指令冲突。如果不冲突，加载检查为无操作 NOP，否则就重新执行加载指令，与之相关的后续指令延迟执行。该专利提出的硬件逻辑可实现加载指令的延时隐藏，提升访存性能。用于先进加载指令的加载检查操作逻辑图见图 2.11。

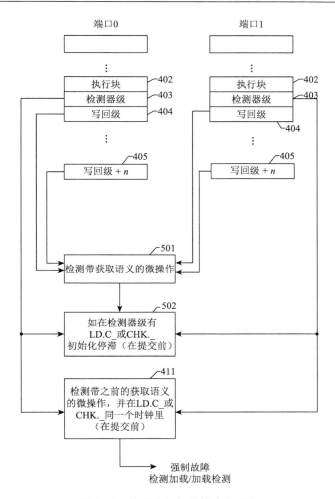

图 2.10 使用先进加载指令处理器

一种现有专利技术提出了通过增加内存排序缓冲（memory ordering buffer，MOB）追踪加载指令。这种技术的弊端在于内存排序缓冲是硬件装置，规模受限。一旦内存排序缓冲装不下（即溢出），就需要暂停流水线。在此背景下，US7441107专利技术提出加载指令表只追踪可能与存储指令冲突的加载指令，与 MOB 相比所用面积更小，同时避免了暂停流水线。因为加载指令表的策略——一旦溢出就丢弃该条加载指令——该操作会清空流水线重新执行弃掉的加载指令，而不再是暂停整条流水线。内存排序缓冲精简策略如图 2.12 所示。

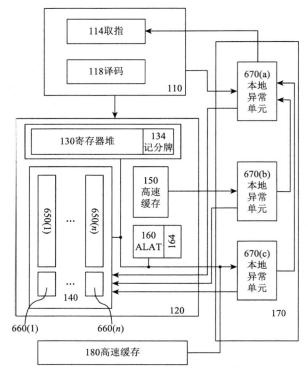

图 2.11 用于先进加载指令的加载检查操作逻辑图

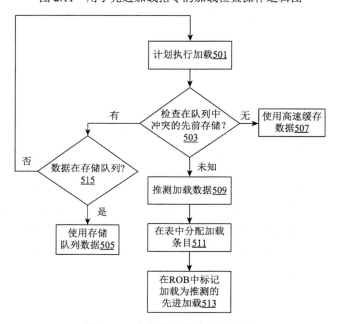

图 2.12 内存排序缓冲精简策略

2.1.4 满足加载操作

【相关专利】

（1）US7062617（Method and apparatus for satisfying load operations，2002 年 3 月 26 日申请，已失效）

（2）US6772317（Method and apparatus for optimizing load memory accesses，2001 年 5 月 17 日申请，已失效）

（3）US7457932（Load mechanism，2005 年 12 月 30 日申请，预计 2026 年 12 月 21 日失效）

【相关内容】

US7062617 专利技术提出一种从存储缓冲器访问数据来满足加载操作的改进方法，能在处理器内部实现加载指令操作数的获取，从而节省访存时间。随着存储缓冲器尺寸的增加，搜索加载与存储是否匹配的操作越来越耗能，耗费时间代价也在增高。当搜索最新存储操作是否与加载操作相关时常会找到多个存储操作，而本方法不必对所有存储进行搜索，就可实现加载操作的匹配。满足加载操作方法的流程如图 2.13 所示，其核心是在多个存储操作中顺序搜索一个加载操作所依赖的最近的存储操作，从加载颜色（load color）——早于加载的最新的存储开始，顺序搜索至存储缓冲器末尾（tail）——存储缓冲区中最老（最近存储最少）的有效存储结束。

US6772317 专利通过使用加载重用操作对加载访存进行优化。英特尔处理器中的物理寄存器常比逻辑寄存器数量多，通过建立逻辑寄存器与物理寄存器间的映射即寄存器重命名，可以高效利用极为宝贵的物理寄存器，实现高效的执行代码。通过此技术，能够采用识别值（value-identity detection）技术对加载指令完全实现旁路访存操作，从而对循环中频繁的覆盖操作进行优化。该方法通过寄存器别名技术将循环中的多个加载操作分配到不同物理寄存器中，建立映射即可。基于加载重用的访存优化的处理器框图如图 2.14 所示。

US7457932 专利技术将加载操作（所访问数据至少是内存端口最大位宽的 2 倍）分解为多个独立的加载操作，每个加载与内存端口最大访问位宽相同，实现相邻与非相邻（aligned and unaligned）加载操作的访存。支持加载并行化拆分的处理器如图 2.15 所示。

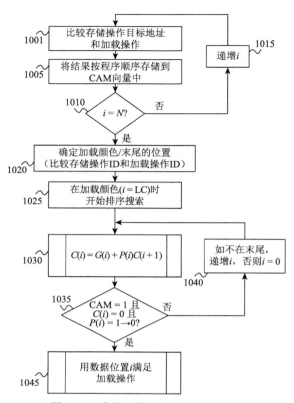

图 2.13 满足加载操作方法的流程图

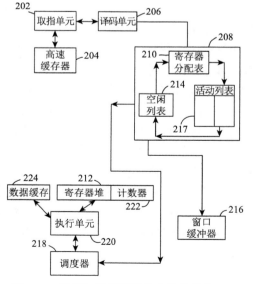

图 2.14 基于加载重用的访存优化的处理器

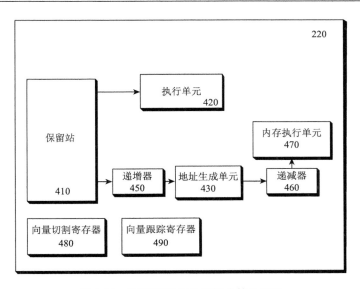

图 2.15 支持加载并行化拆分的处理器

2.1.5 监听存储指令地址

【相关专利】

（1）US6484254（Method，apparatus，and system for maintaining processor ordering by checking load addresses of unretired load instructions againsting store addresses，1999 年 12 月 30 日申请，已失效）

（2）US6687809（Maintaining processor ordering by checking load addresses of unretired load instructions against snooping store addresses，2002 年 10 月 24 日申请，已失效）

【相关内容】

本组专利技术提出一种方法，通过检查未引退（unretired）加载指令地址是否与监听存储指令地址一致，维持处理器按序访存。监听存储指令地址操作流程见图 2.16，该流程包括如下步骤：每次有存储指令操作被分配出去时，就将未执行完的加载指令操作地址存入加载指令缓冲器中，同时监听缓冲器中是否存在一个加载指令操作的地址与当前分派的存储指令操作地址相匹配；将存储指令操作地址存入数据结构中；在每次有加载指令操作被执行时，监听该数据结构，查看是否存在存储指令与该加载指令操作的地址相匹配。

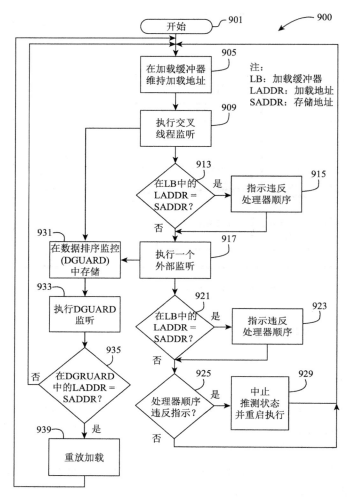

图 2.16　监听存储指令地址操作流程

2.1.6　安静存储指令

【相关专利】

US7062638（Prediction of issued silent store operations for allowing subsequently issued loads to bypass unexecuted silent stores and confirming the bypass upon execution of the stores，2000 年 12 月 29 日申请，已失效）

【相关内容】

安静存储（silent store）指令，是指向相应内存地址写入的数据与该处已有的值相等的存储指令。既然安静存储指令写入的数据与内存处的值相等，那么一旦具有碰撞历史表（collision history table，CHT）的预测器预测出该安静存储指令，就可以直接访问存储指令队列，旁路具有未执行的加载指令的静默存储指令，直接访问后续指令队列。安静存储指令旁路技术流程示例见图 2.17。该专利技术利用内嵌于处理器的加载指令队列和存储指令队列，在处理器内部实现了数据交换，大幅节省访存时间。

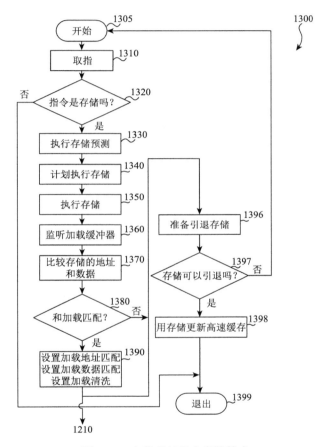

图 2.17   安静存储指令旁路技术

2.1.7   存储指令转发

【相关专利】

US7900023（Technique to enable store forwarding during long latency instruction execution，2004 年 12 月 16 日申请，已失效，中国同族专利 CN 1804792 B）

【相关内容】

在 CPU 加载内存和存储缓冲器间有交互的过程，这就是存储指令转发（store forwarding）。该专利技术提出一种存储要转发的数据以备加载指令搜索查找的方法和装置，以提高命中率。图 2.18 给出了长延迟指令执行期间存储转发方法，该方法的核心是当一串存储指令被一条长延迟指令阻塞时，将存储指令存入一个先入先出队列（store queue）进入等待，再将后续无相关性的加载指令调到前面得到执行。

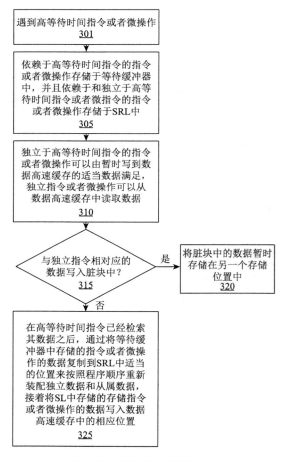

图 2.18　存储指令转发方法

2.1.8 重命名技术

【相关专利】

（1）US6625723（Unified renaming scheme for load and store instructions，1999 年 7 月 7 日申请，已失效）

（2）US7640419（Method for a trailing store buffer for use in memory renaming，2003 年 12 月 23 日申请，已失效）

（3）US7174428（Method and system for transforming memory location references in instructions，2003 年 12 月 29 日申请，已失效）

【相关内容】

US6625723 专利技术提出面向加载指令和存储指令的统一重命名技术。该技术流程如图 2.19 所示，核心步骤是对写后读相关的加载指令与存储指令对进行识别。一旦发现前述加载存储指令对，直接在重命名时将加载指令与存储指令操作数关联为同一个物理寄存器。

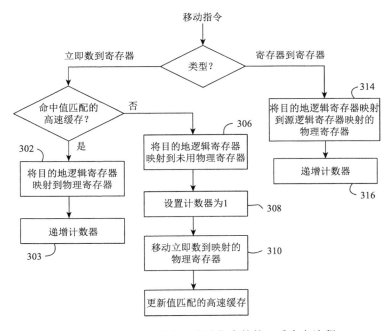

图 2.19 面向加载指令和存储指令的统一重命名流程

US7640419 专利提出一种新的硬件结构——追踪存储缓冲器（trailing store buffer，TSB），用于追踪内存重命名的存储指令。在处理器内增加存储地址缓冲器（store address buffer，SAB）、存储数据缓冲器（store data buffer，SDB）以及追踪存储缓冲器，用于存放存储指令的地址/数据域。执行加载指令时，先查找 SAB 中是否有相同地址的存储指令；如果没有匹配，再去 TSB 中找；如果两个都没有就直接访存。TSB 相当于存储指令缓冲器的两级缓存。存储指令的追踪流程见图 2.20。

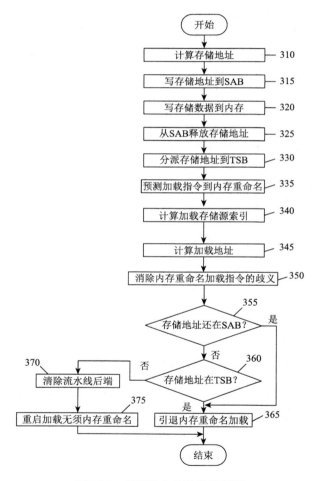

图 2.20　存储指令的追踪流程图

US7174428 专利技术提供了一种用于存储重命名的方法。其核心部件是在处理器中加入一个存储重命名高速缓存，类似于存储缓冲器，用于存放存储重命名结果。使用存储重命名高速缓存转换存储位置引用的方法见图 2.21，当预测到新

加载的存储和源存储有相关性时（判断条件是两者标识符匹配），直接旁路，转换
为移动和加载检查指令，存储重命名高速缓存读取数据，否则还是直接执行加载。

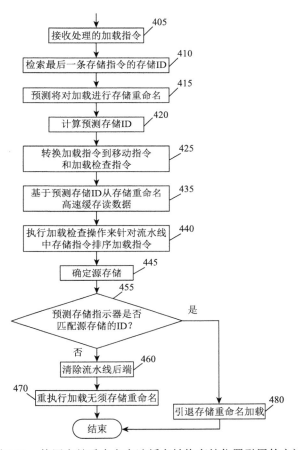

图 2.21　使用存储重命名高速缓存转换存储位置引用的方法

2.1.9　存储器消歧

【相关专利】

US7590825（Counter-based memory disambiguation techniques for selectively
predicting load/store conflicts，2006 年 3 月 7 日申请，已失效，中国同族专利
CN 101727313 B、CN 100573446C）

【相关内容】

该专利技术描述了乱序架构中，只要不与指令窗口中的存储存在相关性或

冲突，加载可以乱序——提到存储前执行。否则，如果加载和存储有相同的目标地址，加载只能等到存储执行完，再将数据旁路给加载。同时应注意，存储是不允许乱序的。

现实中技术上可以更为激进。因为加载一旦未命中，可能花很多时钟周期等待访存，因此采用推测的方式：对所有地址未生成的加载一律提前执行，如果发现存储器消歧（memory disambiguation，MD），就重新执行该加载。因为存在依赖的可能性很低，所以这种激进的行为带来的好处是提高访存效率。

面向访存消歧的预测策略如图 2.22 所示。预测实现方法：给加载缓冲器的每个条目配一条预测器表条目，条目内就是一个计数器，记录该条加载指令曾与哪些存储指令冲突过即有相同的目标地址，未冲突的存储越多，说明将要冲突的概率越大，值大过门限之后，看门狗就会在旧的未决存储之前，禁止推测访问内存的未决加载，以此为历史进行预测。

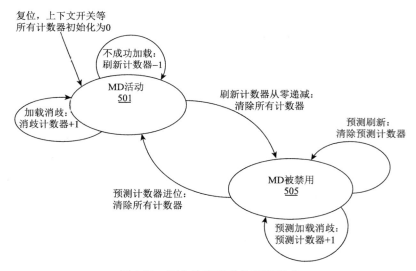

图 2.22　面向访存消歧的预测策略

2.1.10　乱序处理器中加载/存储指令的处理

【相关专利】

（1）US5724536（Method and apparatus for blocking execution of and storing load operations during their execution，1994 年 1 月 4 日申请）

（2）US5898854（Apparatus for indicating an oldest non-retired load operation in an array，1995 年 3 月 22 日申请）

（3）US5588126（Methods and apparatus for fordwarding buffered store data on an out-of-order execution computer system，1995 年 5 月 19 日申请）

（4）US5694553（Method and apparatus for determining the dispatch readiness of buffered load operations in a processor，1995 年 7 月 27 日申请）

（5）US5664137（Method and apparatus for executing and dispatching store operations in a computer system，1995 年 9 月 7 日申请）

（6）US5577200（Method and apparatus for loading and storing misaligned data on an out-of-order execution computer system，1995 年 10 月 31 日申请）

（7）US5606670（Method and apparatus for signalling a store buffer to output buffered store data for a load operation on an out-of-order execution computer system，1996 年 4 月 22 日申请）

（8）US5854914（Mechanism to improved execution of misaligned loads，1996 年 9 月 10 日申请）

（9）US5881262（Method and apparatus for blocking execution of and storing load operations during their execution，1997 年 9 月 12 日申请）

（10）US6378062（Method and apparatus for performing a store operation，1997 年 3 月 28 日申请）

序号（1）～（10）专利均已失效。

【相关内容】

本组专利技术和乱序处理器中加载/存储指令的执行相关。乱序处理器中，需要判断加载指令是否与前面的存储指令有相关性（如加载的数据是否是前面的指令要存储的数据）。如有相关性，须等存储指令完成后才能执行加载。如不相关，可乱序执行。

（1）查看加载指令与其他存储器操作的相关性，如相关加载指令暂缓执行，如不相关则可执行。乱序处理器中加载指令流程如图 2.23 所示（US5724536 和 US5881262）。

（2）利用一个阵列及指示来标识加载指令。具有该阵列的内存排序缓冲器示意图如图 2.24 所示（US5898854）。

（3）用一个分配缓冲器来进行存储指令的旁路。支持转发缓冲存储数据的乱序处理器整体框图如图 2.25 所示（US5588126）。

（4）用准备排序功能加快加载调度的功能（US5694553）。

（5）用一个独立的单元来执行存储操作的调度，乱序处理器的执行单元如图 2.26 所示（US5664137）。

（6）对于加载/存储时未对齐的数据，包含用多个未对齐检测电路用来检测，以及缓冲器（US5577200）。

（7）转发存储数据给加载指令，来提高系统性能。US5606670 专利技术的存储地址缓冲器示意器如图 2.27 所示（US5606670）。

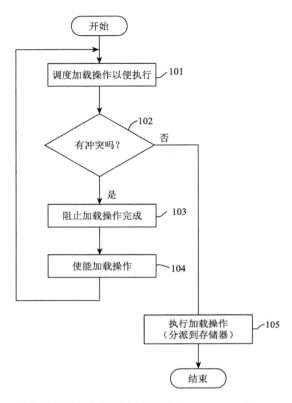

图 2.23　乱序处理器中加载指令流程图（US5724536 和 US5881262）

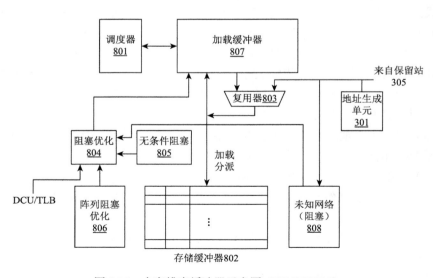

图 2.24　内存排序缓冲器示意图（US5898854）

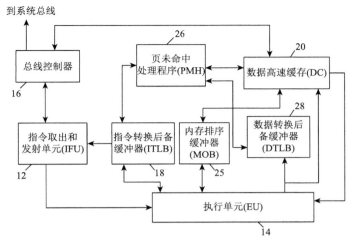

图 2.25 乱序处理器总体框图 (US5588126)

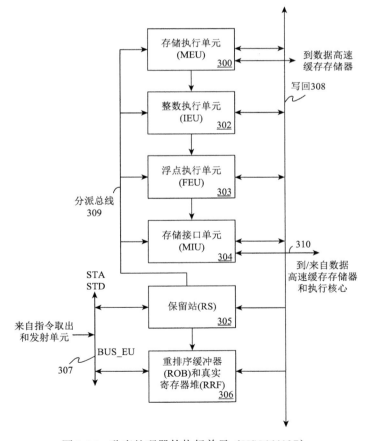

图 2.26 乱序处理器的执行单元 (US5664137)

（8）乱序处理器中处理未对齐加载和存储指令（US5854914）。

（9）用独立单元进行存储地址计算及存储数据获取，以尽早得到存储地址（US6378062）。

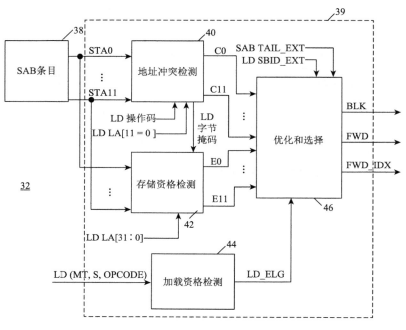

图 2.27　存储地址缓冲器示意图（US5606670）

2.1.11　全局可见存储缓冲器

【相关专利】

（1）US7484045（Store performance in strongly-ordered microprocessor architecture，2004 年 3 月 30 日申请，已失效，中国同族专利 CN 101539889B、CN 100480993C）

（2）US8244985（Store performance in strongly ordered microprocessor architecture，2009 年 1 月 27 日申请，已失效）

【相关内容】

在乱序执行或支持访存优化策略的处理器中，常要求按序提交，即使支持乱序提交，也一定要求前序的存储指令是内部总线可访问的，至少可检测，后续的存储操作才能被发射。

本组专利技术采用全局可见存储缓冲器（globally observable store buffer，GoSB）跟踪需要写回内存的全局可见数据，使后续存储操作在无须考虑前序存储数据是否为全局可见的条件下，可在局部存储（如 L1 高速缓存）中被执行。GoSB 执行流程图见图 2.28。

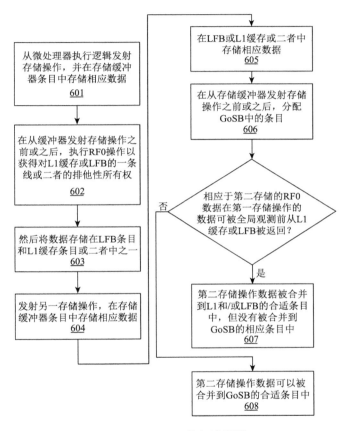

图 2.28　GoSB 执行流程图

2.1.12　加载/存储数据的预取技术

延迟隐藏技术，尤其是预取技术是缓解存储墙问题的重要手段。预取技术是在层次式存储结构基础上发展起来的。层次式存储结构可以有效地弥补处理器和主存储器之间巨大速度差距带来的性能损失。但是层次式存储结构采用按需访问策略，在需要使用数据时才访问存储器。采用按需访问策略，必然会导致强制性失效/冷失效（compulsory miss/cold miss）或容量失效（capacity miss）。预取技术采用提前访问的策略，预见失效并发起预取，可以避免或者减少这几种失效。理想的情况是在处理器需要数据时，数据已经准备就绪。

【相关专利】

（1）US6732260（Presbyopic branch target prefetch method and apparatus，2000 年 3 月 6 日申请，已失效）

（2）US7516312（Presbyopic branch target prefetch method and apparatus，2004 年 4 月 2 日申请，已失效）

（3）US7444498（Load lookahead prefetch for microprocessors，2004 年 12 月 17 日申请，已失效）

（4）US7600078（Speculatively performing read transactions，2006 年 3 月 29 日申请，已失效）

【相关内容】

US6732260 和 US7516312 专利技术提出一种远视分支预取（presbyopic branch prediction）技术。控制流中有一种吊床式（hammock）控制流图，即控制流会出现分支到不同的后续块 A 和 B，之后聚集到同一个后续块 C，分支预测无法预测一段以上的情况。当出现吊床时，即使无法准确预测走向两支中的哪只，但是可以确定控制流聚集到吊床的另一端后续块 C，此即为远视分支预取。这相当于增加了预测窗口，将分支聚集之后一定被执行的加载、存储操作提前到分支处进行预取。支持远视分支预取机制的处理器框图示例如图 2.29 所示。

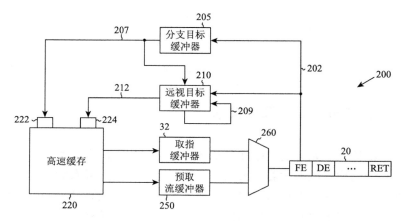

图 2.29　支持远视分支预取机制的处理器

现代处理器常常处于停顿状态，不是因为没有任务，而是因为存在缓存一致性问题不得不进入停顿状态。US7444498 专利技术提出处理器处于停顿状态时，还可以做数据预取工作，执行后续指令流中的加载指令，将数据由内存存入高速缓存行，或直接写入处理器中的寄存器里。停顿周期执行逻辑框图如图 2.30 所示。这个技术相当于推测执行加载指令，有效利用停顿周期（stalled cycle）、减少冒泡（bubble），以提升性能。

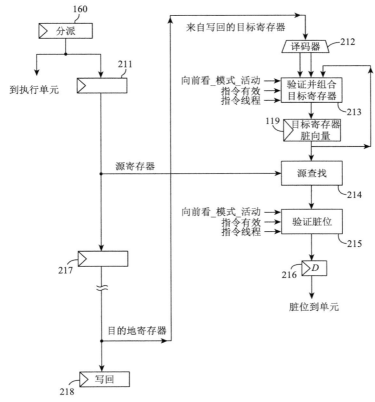

图 2.30　停顿周期执行逻辑框图

US7600078 专利技术涉及推测执行加载指令，降低访存延迟。该专利技术提出将预取的硬件逻辑，集成在处理器之内的内存控制器中。预取流程示例如图 2.31 所示。

2.1.13　加载/存储指令的并行化

【相关专利】

US7013366（Parallel search technique for store operations，2002 年 3 月 26 日申请，已失效）

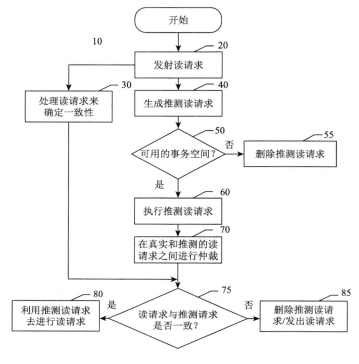

图 2.31　预取流程示例

【相关内容】

　　US7013366 专利技术提出一种在处理器内部实现匹配加载操作的并行搜索的方法，流程示例见图 2.32。该专利技术通过搜索存储缓冲器查找是否有存储指令能够满足加载操作所需数据。更具体的做法是采用内容可寻址存储器（content addressed memory，CAM）并行搜索多个存储缓冲器条目组，以查找是否含有匹配地址直接旁路加载指令。相比于现有技术，本专利技术具有不引发处理性能显著下降的优势。

2.1.14　大端小端与地址对齐的处理

　　本小节专利技术涉及读写内存时，不同数据存储格式以及地址是否对齐的处理方式。数据存储格式分为小端字节序（little endian，低位字节排放在低地址端）和大端字节序（big endian，高位字节排放在低地址端）。英特尔处理器内部一般只支持一种存储格式（大部分为小端字节序），当碰到相反存储格式时需要进行数据格式的转换。

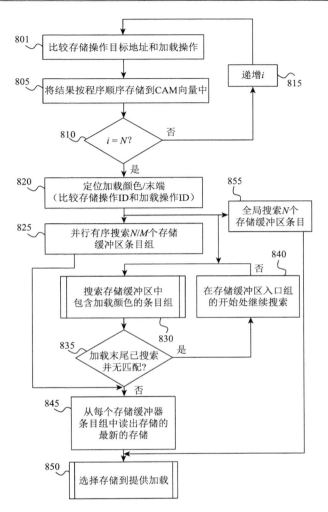

图 2.32　并行搜索 CAM 旁路加载的流程示例

另外，访存时一次至少加载 4 字节（即 32 位）数据。当访存地址后两位不是
"0x00"时，说明跨了两个 4 字节域，需要相应取数策略。

【相关专利】

（1）US5519842（Method and apparatus for performing unaligned little endian
and big endian data accesses in a processing system，1993 年 2 月 26 日申请，已失效）

（2）US5574923（Method and apparatus for performing bi-endian byte and short
accesses in a single-endian microprocessor，1993 年 5 月 10 日申请，已失效）

【相关内容】

当碰到大端字节序存储时，处理器会产生一个标志，进入转换微代码序列，将格式转换成小端字节序。另外，当访问地址非对齐时，将访问指令转化成几条对齐访问方式的指令执行。例如，当访问地址为 xxx1 的一个字（word，4 字节）时，会转化成三条操作：访问 1 字节；访问 1 个短字（short word，2 字节）；访问 1 字节。生成硬件标志的逻辑示意图如图 2.33 所示。具体过程如下。

（1）总线控制单元（bus controller）包含一个存储区域表用来表示各区域的数据存储格式是小端字节序还是大端字节序。读写内存时，可据此得到被访问数据的存储格式。

（2）地址生成单元（address generation unit，AGU）检测内存访问是否对齐。当检测到非对齐访问时，AGU 会暂停后续指令的执行，并启动微代码程序。

（3）当发现非对齐的大端字节序情况时产生一个未对齐访问大端真（unaligned access big endian true，UNBETR）信号。微代码程序据此进入未对齐大端（unaligned big endian，UBE）或未对齐小端（unaligned little endian，ULE）。

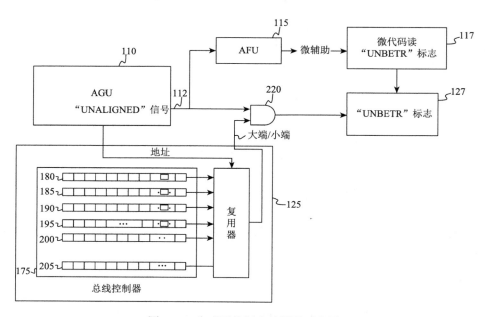

图 2.33　生成硬件标志的逻辑示意图

US5574923 专利技术采用硬件设计的方式进行大端字节序和小端字节序之间的转换，特别考虑了访问字节（Byte）、短型（short）和字（word）数据的情况。与专利 US5519842 类似，内存被分成几个区域，放大端字节序的数据中的一些

区域放小端字节序的数据，由总线控制单元内的存储区域表来控制内存区域的
划分。相关的硬件逻辑结构如图 2.34 所示。本专利技术的主要特点在于：总线控
制器逻辑中还有一个字节转换器（24）进行大端字节序和小端字节序数据间字节
顺序的调整。例如，当处理器需要存小端字节序的短字数据"EF"到内存的大端
字节序区域时，字节转换器将数据转换成"FE"再放到总线上。

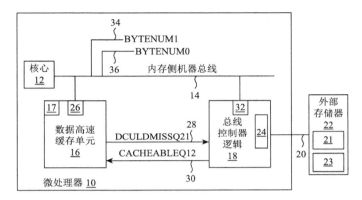

图 2.34 针对字节、短型和字数据的存储及处理逻辑结构图

2.1.15 二阶段提交

【相关专利】

US8418156（Two-stage commit（TSC）region for dynamic binary optimization in
x86，2009 年 12 月 16 日申请，已失效，中国同族专利 CN 102103485 B）

【相关内容】

本专利提供一种生成两个独立提交段的两阶段提交（two-stage commit，
TSC）区域的系统和方法，可为 TSC 区域识别和组合频繁执行的代码。通过对
加载/存储指令重排，对 TSC 区域进行动态二进制优化，以提高执行效率。区
域中的加载指令在第一阶段中以原子方式提交，存储指令在第二阶段中以原子
方式提交。

动态二进制优化是用于软硬件协同设计架构的重要组成部分。随着事务存储
（transactional memory，TM）或硬件锁省略（hardware lock elision，HLE）技术
的进步，利用动态二进制优化技术对 TM/HLE 所支持的原子区域进行优化能够
提升系统执行效率。这是因为 TM/HLE 能够保证原子区域以原子方式一致地并
且隔离地执行，这使得原子区域中的代码可重排序，而不涉及不同线程之间的

交互。原子区域的实现具有固有的低效率。与 x86 实现的常规原子区域关联的主要开销在于,原子方式提交要求在该区域可提交前,该区域中所有存储从存储缓冲器排出到高速缓存。这可引起原子区域之后的指令等待该区域中存储指令的排出延迟。

该专利技术通过对程序的预执行,识别频繁执行代码块,建立包含两阶段 TSC 区域。在第一阶段对多个加载指令以原子方式提交,并且多个存储指令在第一阶段退出;多个存储指令在第二阶段以原子方式提交。同时,允许 TSC 区域外部至少一个附加存储器指令在第二阶段退出。TSC 区域动态二进制优化流程如图 2.35 所示。

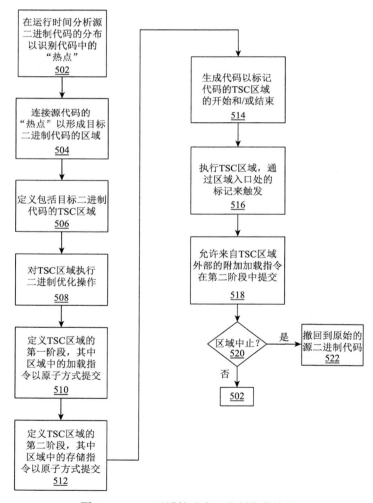

图 2.35　TSC 区域的动态二进制优化流程

2.2 访存性能优化及其他

本节描述内存访问相关的专利技术，着重于性能优化方面的硬件逻辑设计，包括内存重配置、读写操作与奇偶存储体优化调度、加载指令地址生成优化硬件逻辑、浮点线性地址更新优化、基于序列检测的访存性能优化、基于寄存器别名表和内容可寻址存储器的 XCHG 指令优化以及存储地址扩展。

2.2.1 存储地址扩展

【相关专利】

（1）US4363091（Extended address，single and multiple bit microprocessor，1978 年 1 月 31 日申请，已失效）

（2）US4449184（Extended address，single and multiple bit microprocessor，1981 年 11 月 18 日申请，已失效）

对应产品：8086 处理器

【相关内容】

本组专利技术提出生成地址字用于寻址扩展存储器空间的改进，包括：①利用 8 位及 16 位寄存器堆把存储地址扩展成 20 位即 1MB 的寻址能力；②同时支持 8 位及 16 位数据的操作；③完善的字符串指令来加强字符串操作能力。

US4363091 的专利技术侧重存储地址的生成，主要阐述多个寄存器堆合起来构成一个较长的存储地址，从而可以扩展存储的容量。寄存器堆分成两部分：第一部分为 8 位寄存器，第二部分为 16 位寄存器。第二部分中的重分配寄存器可以进行数据宽度的扩展。具体是把重分配寄存器数据左移 4 位然后加上一个偏移地址，从而构成一个 20 位地址来寻址 1M 个地址的存储空间。同时包含了对 8 位数据及 16 位数据的支持、对浮点数的协同运算以及字符串指令。存储寻址系统结构框图如图 2.36 所示。

US4449184 的专利技术侧重控制、译码等方面。控制分两部分：上层控制装置控制内存，其中寄存器先进先出队列用来暂存指令流；下层控制装置以管线的方式负责计算。译码只读存储器（read only memory，ROM）和微指令 ROM 共同产生译码控制信号。另外，子程序转换 ROM（subroutine translation ROM）用来辅助微指令 ROM 的读取控制。

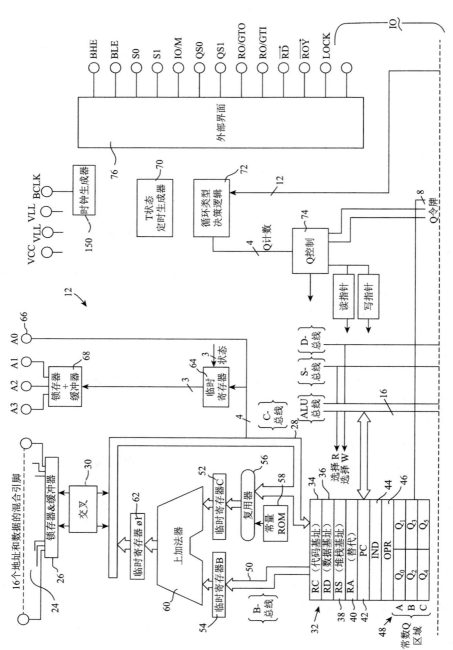

图 2.36　存储寻址系统结构框图

2.2.2 加载指令地址生成优化硬件逻辑

【相关专利】

US6742112（Lookahead register value tracking，1999 年 12 月 29 日申请，已失效）

【相关内容】

该专利技术为降低加载-使用（load-to-use）的延迟，在译码器中增添加减法器，以便快速生成加载指令地址。在译码器段加入一个加/减法器，通过在译码段之后且在执行段之前，进行段指针寄存器加或减立即数的操作，生成访存地址，从而降低延迟。加载指令地址生成优化硬件逻辑如图 2.37 所示。

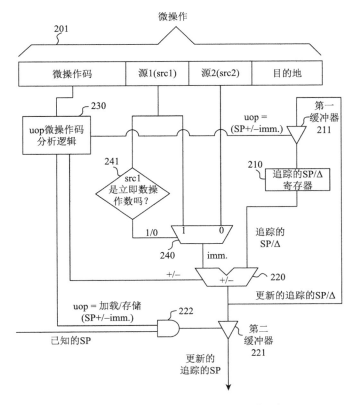

图 2.37 加载指令地址生成优化硬件逻辑

2.2.3　基于寄存器别名表和内容可寻址存储器的 XCHG 指令优化

【相关专利】

US6560671（Method and apparatus for accelerating exchange or swap instructions using a register alias table（RAT）and content addressable memory（CAM）with logical register numbers as input addresses，2000 年 9 月 11 日申请，已失效）

【相关内容】

该专利技术提出一种基于寄存器别名表（register alias table，RAT）和内容可寻址存储器（content addressable memory，CAM）加速 XCHG（exchange or swap，交换）指令执行方法。XCHG 指令在重命名过程中被执行完毕，无须其他资源且不引入数据相关性，因此，读写操作所需硬件资源和功耗都降到最低，同时硬件逻辑的实现更易于集成到超标量处理器中。加速 XCHG 指令执行的方法包括：初始化 CAM；将 CAM 内容写入 RAT 阵列；将逻辑寄存器编号作为 CAM 输入，在一个时钟周期内完成读操作、写操作以及地址交换操作的比较；完成比较操作后，读 RAT 阵列，将 RAT 中与交换地址相关的至少两个条目进行交换，以实现 XCHG 交换指令的功能。图 2.38 给出了用于加速 XCHG 指令执行的 CAM 阵列和具有一个读端口、一个写端口的八个条目的 RAT。

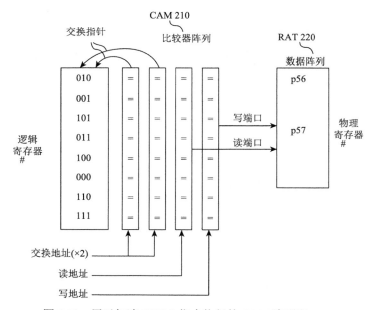

图 2.38　用于加速 XCHG 指令执行的 CAM 阵列和 RAT

2.2.4　浮点线性地址更新优化

【相关专利】

US6934828（Decoupling floating point linear address，2002 年 9 月 17 日申请，已失效）

【相关内容】

浮点存储指令在 x86 中被分为两个微操作按先后顺序执行：FP_STORE_ADDRESS 和 FP_STORE_DATA。在超标量结构中，要达到乱序执行、按序提交的目标，需要内存重排缓冲在指令译码之后、流水提交之前跟踪访存操作。对于浮点存储指令，在跟踪过程中需要更新浮点线性地址（floating point linear address，FLA）寄存器。现有技术是在 FP_STORE_ADDRESS 执行时进行更新，实际过程中需要在 FP_STORE_DATA 引退或者有事件发生时，才进行实际更新。因为有时虽然 FP_STORE_ADDRESS 生成了，但相应的 FP_STORE_DATA 根本没有执行。这会使 FLA 更新延时长，要么中断流水，要么设计更大的内存重排缓冲，而后者会导致芯片复杂、良率下降。

专利技术将 FLA 更新操作与 FP_STORE_DATA 执行过程结合，不再与 FP_STORE_ADDRESS 同步，能达到降低延时、压缩面积的效果。FLA 更新操作与 FP_STORE_DATA 结合的流程如图 2.39 所示。

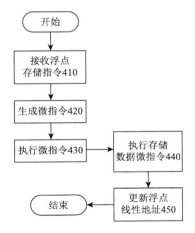

图 2.39　FLA 更新操作与 FP_STORE_DATA 结合的流程

2.2.5　读写操作与奇偶存储体优化调度

【相关专利】

（1）US7681018（Method and apparatus for providing large register address space while maximizing cycletime performance for a multi-threaded register file set，2001 年 1 月 12 日申请，已失效，中国同族专利 CN 100342326C）

（2）US7743235（Processor having a dedicated hash unit integrated within，2007 年 6 月 6 日申请，已失效）

【相关内容】

访存操作的读操作和写操作，对于总线电路的电流方向是相反的。因此，对于这样一个访存序列，若干读操作→一个写操作→若干读操作，如果调整为一连串读操作→一个写操作，将会降低功耗。因此，有必要对读写操作进行识别和调度。

另外，在调度时，如果将对内存的奇存储体（odd bank）和偶存储体（even bank）操作穿插开，相邻的数据访问对奇存储体和偶存储体分别进行操作，而不是总对某一类存储体进行操作，也能够提升访存性能。因为可以在读奇存储体时，预充电偶存储体，反之亦然。

因此，本组专利技术做了如下的优化：

（1）识别奇偶存储体的内存数据引用，实施预充电；

（2）识别读写操作，进行调度，实现各自尽量集中处理。

基于读写操作和奇偶存储体交替摆放的性能优化的硬件逻辑结构如图 2.40 所示。微引擎 22f 包括一个含有存储微程序的随机存储器的控制存储 70，其中微程序可由核心处理器加载。该微引擎还包括微引擎控制器 72 和上下文事件切换逻辑 74。其中，微引擎控制器包括指令译码器和程序计数器单元 72a～72d；上下文事件切换逻辑从每个共享资源（如静态随机存储器、控制器核心或控制和状态寄存器等）接收消息，如 sram_event-response、SEQ#_event-response 和 FBI_event-response 等，这些消息提供有关被请求的功能是否已完成的状态的信息。上下文事件切换逻辑可以对四个线程进行仲裁（如轮循、优先排队或加权公平排队等）。寄存器组 76b 是有相当大数目的通用寄存器。

2.2.6　内存重配置

【相关专利】

US7519790（Method，apparatus and system for memory instructions in processors with embedded memory controllers，2005 年 11 月 14 日申请，已失效）

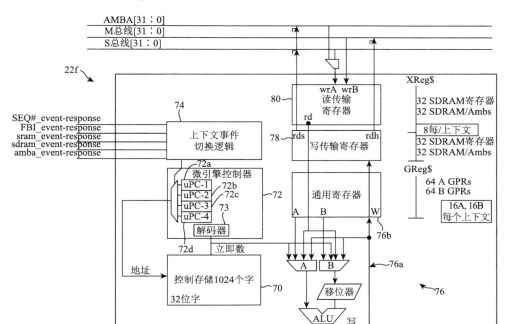

图 2.40   基于读写操作和奇偶存储体交替摆放的性能优化的硬件逻辑结构

【相关内容】

内存重配置（memory reconfigure），例如，对内存大小进行修改，都是通过基本输入/输出系统（basic input/output system，BIOS）引发中断，将扩容信息发给操作系统。对于 BIOS 的操作延迟高的情况，该专利技术设计了一种通过系统管理中断（system management interrupt，SMI）触发软件控制中断（software control interrupt，SCI），由中断服务程序通知操作系统的高级配置和电源接口（advanced configuration and power interface，ACPI）驱动进行内存的检测/配置/初始化。具体内存重配置流程如图 2.41 所示。

2.2.7   基于序列检测或与指令相关信息的优化访存性能

访存操作中的复制或存储操作是使用频率高的操作类型，具有很大的优化空间。因为每次复制数据量大小不一，迭代复制指令（iterative copy instruction）具有不同的固有数据元素长度，例如，字节、字、双字和四字等。而固有长度越长，则指令在移动数据量方面会越高效。

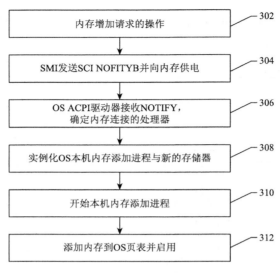

图 2.41　内存重配置流程图

【相关专利】

US8543796（Optimizing performance of instructions based on sequence detection or information associated with the instructions，2008 年 11 月 5 日申请，已失效，中国同族专利 CN 101788903 B）

【相关内容】

在许多情况下，复制和设置操作的长度在编译时是未知的。一种现有的迭代复制实现方案是：使用第一迭代复制指令来移动数据串的大部分，之后使用第二迭代复制指令来移动数据的剩余部分。例如，第一复制操作每次移动双字，而第二复制操作移动最后的 0～3 字节。这种序列有两个缺点：①第二指令操作总会耗费额外的周期，即使没有剩余部分也会消耗；②优化局限在第一迭代复制指令的特定长度，而其后跟随的第二迭代复制指令序列调整空间就很有限。其他任何组合将会导致显著的性能损失。

该专利技术提出一种基于序列检测或与指令相关联的信息，来优化指令性能的硬件方案。方案包括指令译码器、接收输入指令和路径选择信号。面向路径选择信号，针对不同数据长度将输入指令拆分成多条指令，送入执行单元，用于性能优化。

基于序列检测的访存性能优化硬件逻辑如图 2.42 所示。该专利技术方法包含如下步骤。

（1）对开始"快速复制"所需的规则执行检查，建立操作；检查条件例如数据串的目的地指针和源指针之间的距离、方向标志位、地址的回卷等。若任意一个检查失败，则以迭代复制指令中指示的固有数据大小进行迭代复制，若检查全部通过，则进入下一步骤。

（2）执行头部，进行条件复制（使用条件操作来覆盖流水线的时延，防止出现传播导致的气泡）。

（3）以比迭代复制指令指示的固有数据更大的固定数据执行快速迭代。

（4）检查处理尾部条件，执行尾部复制。

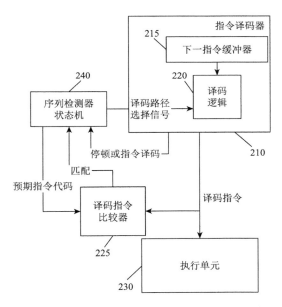

图 2.42 基于序列检测的访存性能优化硬件逻辑

2.2.8 栈操作指令执行

栈操作指令包含两部分操作，一部分为压弹栈操作（PUSH/POP），也就是栈内存（stack memory）的读/写，另一部分为栈地址的更新。实现相关操作通常需要多个时钟周期。

【相关专利】

US5142635（method and circuitry for performing multiple stack operations in succession in a pipelined digital computer，1989 年 4 月 7 日申请，已失效）

【相关内容】

该专利技术能够加快 PUSH/POP 栈操作的执行速度，达到 1 个时钟周期的吞吐率。其核心思想是设计两个堆栈指针，这样可以在其中一个被占用进行栈内存读写，修改另一个指针的地址。

以压栈操作为例，执行过程如下（从译码段开始）。

（1）第一个时钟周期：完成译码。

（2）第二个时钟周期的阶段 1：从两个堆栈指针寄存器中选择其中一个读取数据到总线及堆栈指针加法器。

（3）第二个时钟周期的阶段 2：得到栈内存地址，并根据堆栈指针加法器得到更新的堆栈指针。

（4）第三个时钟周期的阶段 1：更新的堆栈指针写回第二个总线并写回第二个堆栈指针寄存器。

（5）第三个时钟周期的阶段 2：根据栈内存地址把数据写入堆栈，将第二个指针寄存器的数据写回第一个堆栈指针寄存器。

优化的堆栈结构如图 2.43 所示。

2.3　高　速　缓　存

现代计算机普遍采用存储层次结构，以满足应用程序对存储器容量和速度越来越高的要求。存储层次结构是将具有不同容量、成本和访问时间的存储设备组织成具有层次结构的存储器系统。采用存储层次结构，可以使整个系统的价格接近最便宜的一层存储设备的价格，但访问速度却与最快一层相接近，进而达到性能与价格之间的平衡。

高速缓存（cache）是存储层次结构中最重要的一环，位于中央处理器（寄存器）与主存之间，起到数据一旦离开寄存器或主存就要进入最高级或一级存储层次的作用。高速缓存最重要的技术指标是它的命中率。本节对英特尔公司在高速缓存预取技术、高速缓存污染问题解决技术、替换策略与高速缓存行读写性能优化等方面进行介绍。

2.3.1　高速缓存预取技术

【相关专利】

（1）US7111153（Early data return indication mechanism，2003 年 9 月 30 日申请，已失效）

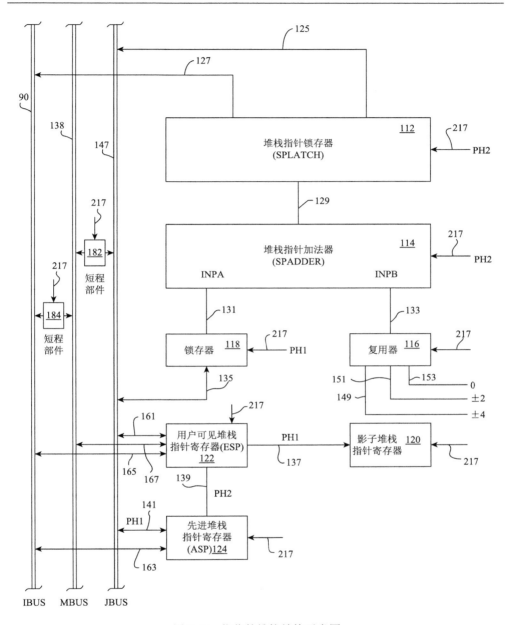

图 2.43　优化的堆栈结构示意图

（2）US7451295（Early data return indication mechanism for data cache to detect readiness of data via an early data ready indication by scheduling，rescheduling，and replaying of requests in request queues，2006 年 9 月 28 日申请，已失效）

【相关内容】

访存请求一旦在高速缓存中未击中，就会等待很多周期，其间中央处理器不断查询数据是否到位。这样耗能又耗时，因为后续加载指令都要等到该指令提交才能继续。

本组专利技术通过增加一个资源调度，如重调度重放队列（rescheduled replay queue，RRQ）统一管理调度这些请求，减少查询次数，同时在发生长时间等待加载时调度后续加载得以执行。包含早期数据返回机制硬件逻辑的计算机系统示例如图 2.44 所示。

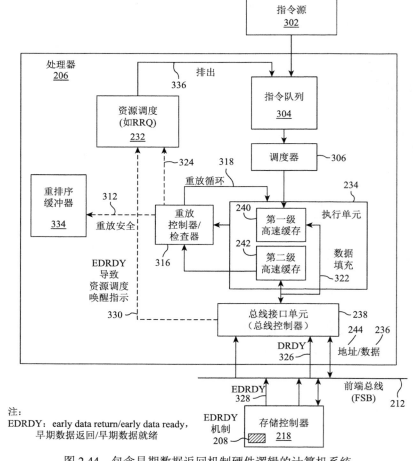

图 2.44　包含早期数据返回机制硬件逻辑的计算机系统

US7111153 专利技术侧重于硬件逻辑和系统的保护。硬件包含资源调度器，负责将一个或多个加载请求的数据从内存送入数据高速缓存；指令队列，从多个指令源接收指令；一个或多个调度器，负责将请求分配给包含数据高速缓存的执行单元；重放控制器/检查器（replay controller/checker），负责检查数据高速缓存的内容，在发生高速缓存未命中时重执行请求；重排缓冲，存储得到重执行的请求；内存控制器，负责检测应传送给处理器的数据是否已经准备好。

US7451295 专利技术侧重于对方法的保护，该方法包括：生成一个或多个等待数据从内存导入到数据高速缓存的请求；从指令队列接收请求；调度请求；将请求发送给具有数据高速缓存的执行单元；检查数据高速缓存内容；如果数据未进入数据高速缓存，重执行请求；把重放安全的请求存下来等步骤。

2.3.2　高速缓存污染解决技术

【相关专利】

US6223258（Method and apparatus for implementing non-temporal loads，1998 年 3 月 31 日申请，已失效）

【相关内容】

该专利要解决的问题是非暂时加载（non-temporal loads）或非可重复加载（non-reuseable loads）造成的高速缓存污染。只用一次的数据不需要浪费高速缓存空间，否则，占用了常用数据，且数据用完后还得把刚替出去的常用数据加载回高速缓存以覆盖此数据，浪费很多访存时钟，此过程称为高速缓存污染（polluting cache）。该专利技术的解决方法是：识别非暂时加载，分配专用缓冲器直接旁路到核心内。因此，产生几种加载：缓存命中、缓存未命中和非缓存加载。缓存命中发生时，直接将 L1 高速缓存中的数据返回给寄存器、重排序缓冲器或保留站；缓存未命中时，通过访问 L2 高速缓存或内存得到的数据，将存入 L1 高速缓存，同时由 L1 高速缓存控制器中的其他缓冲器直接返回给上述核心中的接收部件；非缓存加载时，由 L1 高速缓存控制器中的其他缓冲器直接返回给上述核心中的接收部件。

译码时标记加载指令，如果缓存未命中，就指定缓冲器接收数据，再从缓冲器读入核心内。通过图 2.45 所示原理框图，可见处理器中与 L1 高速缓存平级的有几个缓冲器，包括填充缓冲器、专用缓冲器、写回缓冲器和探听缓冲器。这些缓冲器的输出经选择器写回核心。控制端是命中或未命中检测逻辑和编码器，两者共同组成 L1 高速缓存控制器。

2.3.3　基于 LRU 算法的替换策略

【相关专利】

US7099998（Method for reducing an importance level of a cache line，2000 年 3 月 31 日申请，已失效）

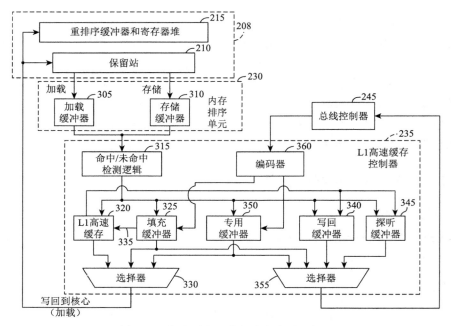

图 2.45　高速缓存污染解决方案原理框图

【相关内容】

高缓存命中率可提高整体 CPU 性能，而缓存使用的替换策略直接影响缓存的命中率。该专利技术提出一种用于帮助替换高速缓存行的指令 RICL（reduced importance cache line，降低高速缓存线重要性）和方法。技术方法包括：①提供访问缓存中有效数据的指令；②指示在高速缓存中存储有效数据的行是可替换的候选行，方法是在访问有效数据后降低该行的重要性级别；③同时将该行保留为有效行。技术核心是设计指令与硬件逻辑基于历史访问信息标记每条高速缓存行等级作为替换依据，是在最近最少使用（least recently used，LRU）算法基础上进行的优化。

包含 RICL 的内存访问序列及其执行高速缓存行替换示例如图 2.46 所示。从左到右依次将 11 个内存访问形成的序列$\{a, b, a, c, d, b, b, e, a, c, d\}$映射到相同的四行缓存集合$\{0, 1, 2, 3\}$，四行缓存集合中原始存放的分别是位置 w、x、y 和 z 的数据副本。行 Q 表示分配的内存访问需要被保存；行 R、S、T 和 U 中，行 R 表示最近最少使用的缓存行，由上到下使用程度依次增加；行 V 表示根据替换策略替换数据的内存位置。RICL 指令与行 P 列 37 存储器访问一起实现，将包含内存位置 b 的数据副本的高速缓存行 1 移动到 LRU 排名的顶部（行 R 列 37），因此，在下一个存储器访问（行 P 列 38）中，缓存行 1 中的 b 的数据被替换（见行 V 列 38），而不是纯 LRU 策略下缓存行 0 中的数据被替换。

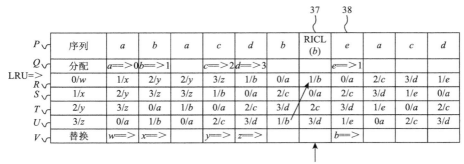

图 2.46 用于降低重要性级的替换高速缓存行示例表

图中箭头表示被替换或被分配

2.3.4 高速缓存行读写性能优化

【相关专利】

US6470444（Method and apparatus for dividing a store operation into pre-fetch and store micro-operations，1999 年 6 月 16 日申请，已失效）

【相关内容】

该专利技术为提升存储指令效率，提出将存储器写入操作分为两个阶段：高速缓存行预取指令和存储器写入指令。预取微操作将所需的缓存行加载到缓存内存中，随后的存储微操作将数据值存储到预取到缓存内存中的所需缓存行中。该方法主要利用高速缓存中的加载缓冲器和存储缓冲器，将存储地址所在的高速缓存行读入加载缓冲器，然后对缓冲器中的高速缓存行进行存储操作，免去了访问主存的工作。

该专利技术的微操作序列表如图 2.47 所示。第一个微操作是预取（PRF）微操作，该操作提醒存储器子系统即将发生影响地址 1 的存储器操作。后续两个

微操作	操作数1	操作数2	目的地
PRF	地址1		
LOD	27		R1
ADD	R1	R2	R2
STO	R2		地址1
LOD	地址1		R0
ADD	地址1	R4	R4

图 2.47 微操作序列表

微操作（LOD 和 ADD）执行处理器加载指令 LOAD 和加法指令 ADD 的功能。第四个微操作是存储器存储（STO）微操作，它将第二个寄存器 R2 的值存储到地址 1 中。由于 PRF 预取微操作已经发出，因此包含地址 1 的高速缓存行将可用，内存存储微操作不会使处理器管道停止。

第3章 跳转和分支

跳转和分支指令是控制流程序的内在特性,但是在分支指令的判断条件没有得出结果之前,取指部件无法确定后续指令从哪个分支中选取,对分支条件判断的等待往往给流水线带来气泡。本章主要研究在跳转和分支指令的加速和预测执行方面,英特尔公司做过的大量工作,主要涉及从比较-分支操作的预测、条件跳转操作译码以及动态分支预测等方面的逻辑优化。其中动态分支预测专利数量较多,是英特尔公司针对程序控制流优化的技术重点,里面包含诸如面向流水线系统的预测、多指令流的推测执行、面向指令集的预测、并发程序的预测、指令重放、循环预测器、预测信息的存储、启用多个跳转执行单元等方面技术的实现。

3.1 条件跳转指令译码

【相关专利】

US5353420(Method and apparatus for decoding conditional jump instructions in a single clock in a computer processor,1992 年 8 月 10 日申请,已失效)

【相关指令】

JBE/JNA(jump on less or equal/not greater,条件跳转)指令。

【相关内容】

该专利技术涉及加速条件跳转指令的译码。

图 3.1 所示为 JBE/JNA 的指令格式,跳转指令具有 0F(十六进制)前缀。跳转指令的操作码前包含多个字节的前缀,通常需要额外的多个时钟周期对前缀进行译码。为了节省 CPU 时间,该专利技术提出一种新的译码功能模块,一个时钟周期就能完成条件跳转指令的译码。译码功能模块主要包括:①最基本的单字节操作码译码单元;②双字节跳转指令译码单元;③ModR/M 字节及比例-索引-基址(scale-index-base,SIB)译码模块;④针对偏置(displacement)及立即数(immediate)字节的译码模块;⑤前缀译码状态机;⑥多个计数器包括前缀计数器、操作码计数器、偏置计数器、立即数计数器来存放各个指令部分的字节数。

图 3.1　JBE/JNA 指令格式

3.2　子程序返回

【相关专利】

（1）US5604877（Method and apparatus for resolving return from subroutine instructions in a computer processor，1994 年 1 月 4 日申请，已失效）

（2）US5768576（Method and apparatus for predicting and handling resolving return from subroutine instructions in a computer processor，1996 年 10 月 29 日申请，已失效）

（3）US5964868（Method and apparatus for implementing a speculative return stack buffer，1996 年 5 月 15 日申请，已失效）

（4）US6898699（Return address stack including speculative return address buffer with back pointers，2001 年 12 月 21 日申请，已失效）

（5）US6954849（Method and system to use and maintain a return buffer，2002 年 2 月 21 日申请，已失效）

（6）US7293265（Methods and apparatus to perform return-address prediction，2003 年 5 月 15 日申请，已失效）

（7）US7926048（Efficient call sequence restoration method，2006 年 7 月 26 日申请，已失效）

（8）US9235417（Real time instruction tracing compression of RET instructions，2011 年 12 月 31 日申请，已失效）

【相关指令】

（1）RET（return from subroutine，子程序返回）；

（2）CALL（call subroutine，调用子程序）；

（3）条件分支类指令 JE/JZ（jump if equal/jump if zero，如果等于就跳转/如果为零就跳转）、JNE/JNZ（jump if not equal/jump if not zero，如果不等于就跳转/如果不为零就跳转）等；

（4）无条件分支指令 JMP（Jump，跳转）。

【相关内容】

本组专利技术均涉及子程序返回操作执行。子程序返回指令功能是从后进先出堆栈（last-in-first-out，LIFO）的顶端获得数据作为返回的地址。LIFO 堆栈通常在主存，其地址指针存于一个寄存器。从主存中读取数据较慢，因此需要预测子程序返回的地址以提高性能。

US5604877 和 US5768576 专利技术提出了一种用于预测返回子程序指令的返回地址的装置和方法，装置如图 3.2 所示。预测子程序返回指令及其跳转地址的四个步骤的方案如下：

（1）预测子程序返回指令产生并预测跳转地址；

（2）当子程序调用 CALL 指令及子程序返回指令时，压入或弹出返回堆栈缓冲器中地址，存储准确返回地址，本步骤用来确认步骤（1）的预测是否准确；

（3）执行子程序返回指令；

（4）完成子程序返回指令并保证没有预测准确的地址不引起实际指令的执行。

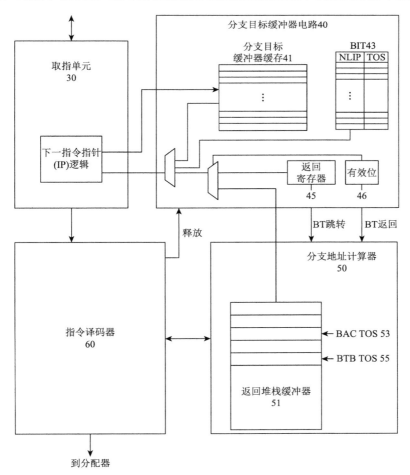

图 3.2　用于预测返回地址的装置框图

　　US5964868 专利技术提出采用双返回栈缓冲器的跳转指令执行方法，执行流程如图 3.3 所示。其中一个双返回栈缓冲器用于存放返回地址的推测结果，另一个用于存放返回地址的实际结果。

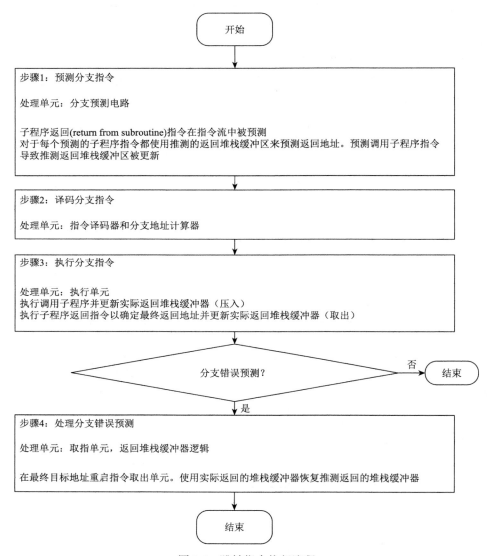

图 3.3　跳转指令执行流程

　　返回地址堆栈的大小受成本限制，若程序（program）中存在大量调用其他过程（procedure）的过程，则 LIFO 返回地址堆栈已满会发生溢出，进而导致返回地址目标误判。US7293265 专利技术提出了一种在程序中执行返回地址预测的方

法和装置。如图 3.4 所示，该方法是在编译阶段，当检测到与溢出条件相关联的
过程（与该过程相关的最大调用链长度或平均调用链长度中的其一超过与返回地

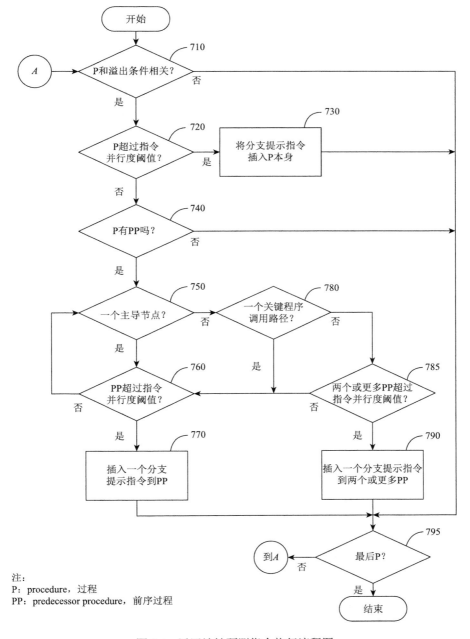

图 3.4 返回地址预测指令执行流程图

址堆栈关联的阈值，其中每个过程的平均调用链长度根据前序过程调用过程的频率确定)，在程序中插入与过程相关联的返回指令相对应的分支提示指令。该分支提示指令可以包括与返回指令相对应的返回地址。分支提示指令通知处理器一个分支最有可能返回以执行下一个指令的目标。

US6898699 专利技术解决分支误预测时 CALL 指令返回地址被误弹栈，无法返回的情况。当前流水线预备执行一条 CALL 指令，将 CALL 之后的地址作为返回地址压栈，执行到返回指令时，将地址弹栈，执行跳转。但是当存在分支预测引起的指令预取时，一旦分支预测错误，会导致返回指令被错误的地址覆盖，无法返回正确地址。原本函数调用时有压栈弹栈就足够，这里在栈操作之上又引入一个伪寄存器操作。返回地址堆栈框图见图 3.5。

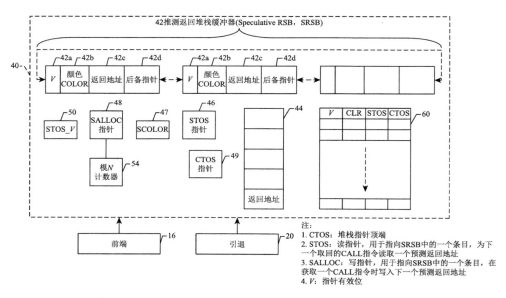

图 3.5　返回地址堆栈框图

保存函数调用返回地址需要用到调用栈（call stack）。在控制流中通常有多个分支，几个分支间函数返回值有很多条目是相同的。US7926048 专利技术增加一个索引表，相同的条目指向相同的指针，不再重复存放，达到降低开销的目的。CALL 指令索引表结构如图 3.6 所示。

US9235417 专利技术利用 CALL 指令和 RET 指令成对出现的规律，提出的 RET 指令压缩技术可以把实时指令跟踪（run time instruction tracing，RTIT）产生的 RET 指令包长度极大压缩。该技术可以用于调试功能优化。图 3.7 为实现 RET 指令的 RTIT 压缩的方法的流程图。

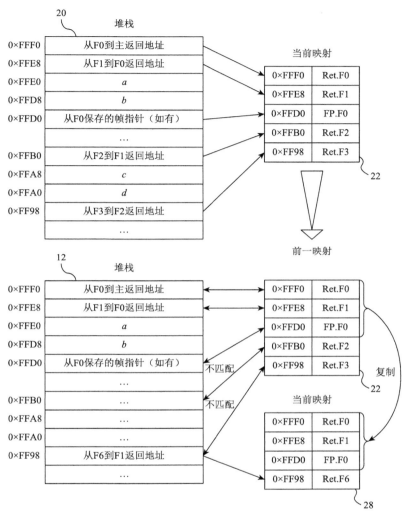

图 3.6 CALL 指令索引表结构

3.3 动态分支预测

分支预测是现代处理器用来提高执行效率的一种重要手段。通过对程序的分支流程进行预测，预先读取其中一个分支的指令并译码来缩短等待取指的时间。

分支预测的方法有静态预测方法和动态预测方法。静态预测方法行为比较简单，如预测永远不转移、预测永远转移、预测后向转移等，它并不根据执行时的条件和历史信息来进行预测，因此预测的准确性不会很高。动态预测方法较精确但是相对复杂，它根据同一条转移指令过去的转移情况来预测未来的转移情况。本节主要对英特尔公司的动态分支预测技术专利进行介绍。

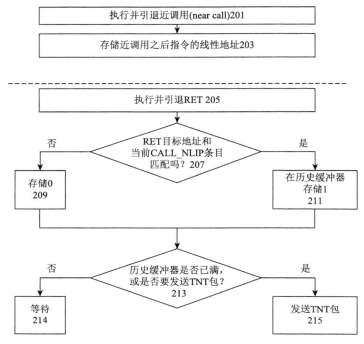

图 3.7 实现 RET 指令的 RTIT 压缩的方法的流程图

3.3.1 面向流水线系统的预测

【相关专利】

（1）US5265213（Pipeline system for executing predicted branch target instruction in a cycle concurrently with the execution of branch instruction，1990 年 12 月 10 日申请，已失效）

（2）US5692167（Method for verifying the correct processing of pipelined instructions including branch instructions and self-modifying code in a microprocessor，1996 年 8 月 19 日申请，已失效）

（3）US6079014（Processor that redirects an instruction fetch pipeline immediately upon detection of a mispredicted branch while committing prior instructions to an architectural state，1997 年 9 月 2 日申请，已失效）

（4）US6055630（System and method for processing a plurality of branch instructions by a plurality of storage devices and pipeline units，1998 年 4 月 20 日申请，已失效，中国同族专利 CN 1122917C）

（5）US6598154（Precoding branch instructions to reduce branch-penalty in pipelined processors，1998 年 12 月 29 日申请，已失效）

【相关内容】

US5265213 专利技术和跳转地址预测技术相关。处理器包含分支目标缓冲器（branch target buffer，BTB），用于存储分支目标指令、目标地址以及是否跳转的历史记录。此外，处理器包含两个执行单元，可以用来同时执行跳转指令以及分支目标缓存中的目标指令，从而使得跳转指令不需要占用额外的时钟周期。

US5692167 专利技术介绍如何确定跳转指令预测是否准确以及自修改（self-modifying）指令的处理方法。指令存储器的地址由段地址和偏移地址构成，因此需要将分支预测地址的一条预测指令的预测段地址和该预测指令的实际段地址进行比较，来确定预测是否准确。如果预判不准确则需要把预取的指令清空。此外，US5692167 专利也介绍自修改指令的处理方式，这些指令会通过写指令改变原有的指令。当遇到自修改指令时，比较被修改的指令地址是否已存在于流水线中，如果已存在则需要清空流水线中被修改的指令。

现有技术支持单指令源、单重启点的指令流水线在出现分支指令误预测后清空流水线并重新启动，针对多个指令源的分支指令误预测，现有技术支持不足。US6055630 专利技术提出一种支持多个指令源多个分支指令的误预测情况下重启的方法和系统。系统示例见图 3.8。其技术核心是各个流水线单元维护各自的分支信息数据，当检测到上游流水线单元分支预测错误后，该单元"向后传播"即向上游传播其各自的分支信息，以便每一个上游单元利用接收到的信息更新自己维护的分支信息数据。

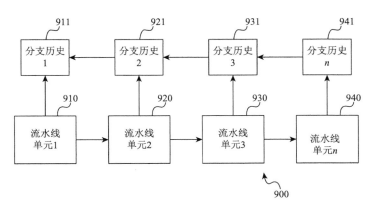

图 3.8　处理多个指令源多个分支指令的系统

US6598154 专利技术是将分支指令的目标域预编码出来，达到隐藏延迟、提升指令预取效率的目的。预编码分支指令的控制流程图见图 3.9。

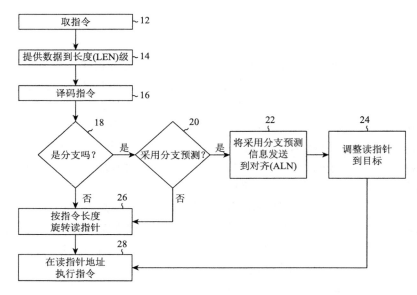

图 3.9　预编码分支指令控制流程

3.3.2　多指令流的推测执行

【相关专利】

（1）US5860017（Processor and method for speculatively executing instructions from multiple instruction streams indicated by a branch instruction，1996 年 6 月 28 日申请，已失效）

（2）US6065115（Processor and method for speculatively executing instructions from multiple instruction streams indicated by a branch instruction，1998 年 4 月 10 日申请，已失效）

【相关内容】

US5860017 专利技术提前判断跳转预测失败的可能性，如果发现预测失败的可能性较大，则预先同时计算跳转和不跳转两种情况下的跳转地址，从而产生两个指令指针。这两个指令指针输入双端口的指令缓存读指令，从而能降低跳转预测失败的代价。指令推测执行流程示例见图 3.10。

US6065115 是 US5860017 的接续案，专利保护乱序处理器中分支指令的推测执行。在分支指令的条件判断结果是或否产生之前，对后续指令逐步发射送入流水线，能够提高流水线的执行效率。但是只能加入某一条分支的指令序列，一旦结果预测错误，则需要清空流水线，即便如此，这个方法仍能带来处理器执行效率的提升。

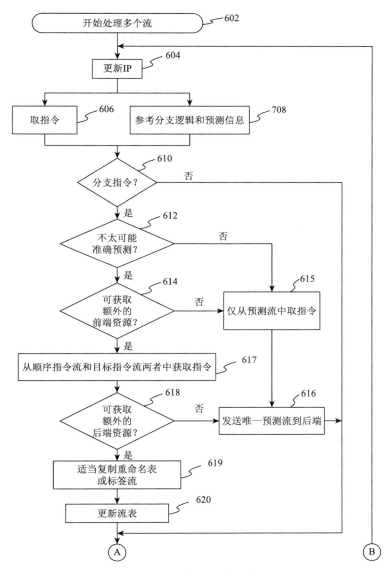

图 3.10　指令推测执行流程

3.3.3　面向多指令集的预测

【相关专利】

（1）US6088793（Method and apparatus for branch execution on a multiple-instruction-set-architecture microprocessor，1996 年 12 月 30 日申请，已失效）

（2）US6092188（Processor and instruction set with predict instructions，1999 年 7 月 7 日申请，已失效）

【相关内容】

本组专利技术支持 RISC 和 CISC 指令集的分支预测方式。处理器包含 RISC 指令执行模块及 CISC 前端模块，每个模块中有一个分支预测单元。CISC 模块的作用是把 CISC 指令转换成 RISC 指令，包含取指单元、译码单元和分支预测单元。取指单元用于计算指令地址并从缓存中取指，并包含行地址缓存用于暂存已从缓存取出但还未被处理器执行的指令的地址。分支预测单元含分支目标缓冲器和跳转地址计算器，来进行跳转地址的预测。译码单元用于把 CISC 指令转换成 RISC 微操作，并确定跳转预测是否准确，如果不准确则不能取指。

对于条件分支指令的条件判断需要花费额外的若干周期，而目标地址存储在寄存器的间接条件分支指令也会造成流水线停顿，为解决这些问题，US6092188 专利技术提供了一种包含预测指令的指令集及支持该指令的处理器。预测指令向处理器提供即将到来的条件分支指令的静态预测信息，包括所引用的条件分支指令的地址的信息、条件分支指令是否被静态预测的信息以及条件分支指令关联的静态预测目标地址等信息。在编译代码期间，编译器可以选择在条件分支指令之前调度预测指令，并在预测指令中编码静态预测信息。

3.3.4　多线程推测分支指令

【相关专利】

US7181601（Method and apparatus for prediction for fork and join instructions in speculative execution，2003 年 12 月 8 日申请，预计 2025 年 4 月 2 日失效）

【相关内容】

专利技术涉及分支合并（fork/join），提出了一种实现推测线程推测分支的方法和装置。生成新线程的过程可以称为分支操作，而将线程合并的过程可以称为合并操作。一般的线程池中，如果一个线程正在执行的任务无法继续运行，该线程会处于等待状态。相对于一般的线程池实现，fork/join 的优势体现在对其中包含的任务的处理方式上。fork/join 存在的目的是更好地利用底层平台上的多核 CPU 和多处理器。图 3.11 给出了 fork/join 指令预测控制流程图。

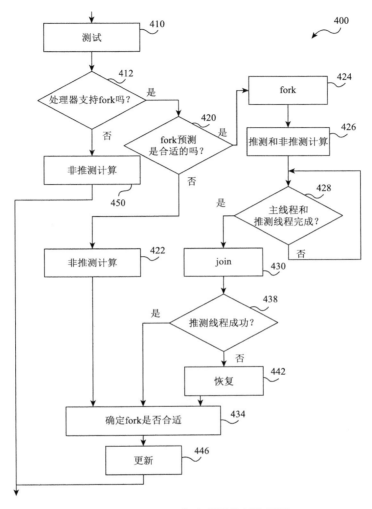

图 3.11　fork/join 指令预测控制流程图

3.3.5　循环预测器

【相关专利】

US7136992（Method and apparatus for a stew-based loop predictor，2003 年 12 月 17 日申请，已失效）

【相关内容】

该专利技术在取指单元中进行指令序列的预测，以便提升流水线的执行效率。该方法的核心是通过记录循环体内（两次循环退出之间）数据长度（stew）值的重复次数，进行循环分支预测。其中，stew 值由全局预测器（逻辑框图如图 3.12 所示）将最近的历史记录与分支所涉及的地址的一部分散列在一起形成。使用当前 stew 值进行预测可能会对依赖于以前分支方向的分支产生良好的结果。这是个很巧妙的技术方法，在 C++中也常用到 stew 函数。

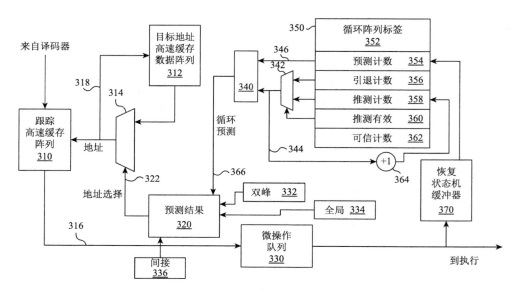

图 3.12 循环预测器逻辑框图

3.3.6 重放指令转化

【相关专利】

（1）US6880069（Replay instruction morphing，2000 年 6 月 30 日申请，已失效，中国同族专利 CN 1322415C）

（2）US8347066（Replay instruction morphing，2005 年 2 月 28 日申请，已失效）

【相关内容】

分支误预测需要清空流水线，重放正确分支中的指令流。通常这种情况一旦发生，流水线将很耗时。专利技术和重放转化（replay morphing）相关，具体的做法是通过变异指令流，让重放更高效。重放转化流程如图 3.13 所示。

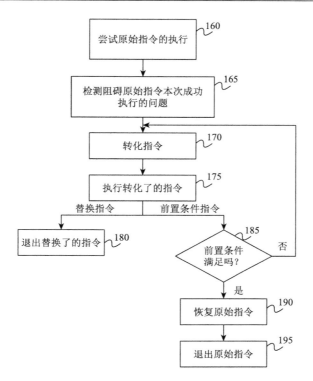

图 3.13 重放转化流程图

3.3.7 预测信息的存储

【相关专利】

（1）US7487340（Local and global branch prediction information storage，2006 年 6 月 8 日申请，已失效，中国同族专利 CN 101449238 B）

（2）US7941654（Local and global branch prediction information storage，2009 年 2 月 2 日申请，已失效）

【相关内容】

本组专利技术和局部、全局预测信息表相关。本专利提供了一种用于存储分支预测信息的方法和硬件逻辑。本地和全局分支预测信息存储的流程如图 3.14 所示，主要步骤包括接收分支指令，存储该指令的本地分支预测信息，其中本地分支预测信息包括本地可预测性值。即先用局部信息进行分支预测，若分支预测累加值低于阈值，启用全局预测历史信息；若局部预测历史累加值高于阈值，删除全局历史信息。

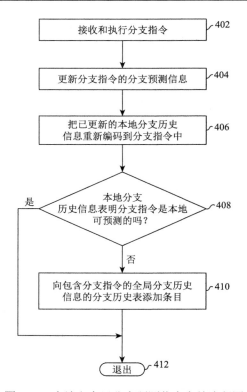

图 3.14   本地和全局分支预测信息存储流程图

3.3.8   启用多个跳转执行单元

微处理器可以通过分支预测来增加性能。传统的处理器使用一个或多个分支预测器在分支指令实际执行之前预测哪个分支会被执行。接下来，分支执行单元或跳转执行单元会执行分支指令并验证分支预测结果。同时，预测会被执行的分支中的指令会被取出并执行。然而预测结果可能出错，跳转执行单元必须能够检测到预测错误，并启动清空操作，撤销已经取出并执行的指令。处理分支预测错误的速度对处理器的性能有直接的影响。本小节专利提出使用第二个跳转执行单元，两个跳转执行单元可以并行执行的方案，能提升分支处理的速度。

【相关专利】

US20140156977（Enabling and disabling a second jump execution unit for branch misprediction，2011 年 12 月 28 日申请，已失效）

【相关内容】

该专利详细说明了启用多个跳转执行单元的原理和实现方法，也结合实例介绍了使用该方法的处理器和系统结构。

新增加的跳转执行单元（jump execution unit，JEU）可以和原有的主 JEU 一起并行地执行分支指令，以实现在一个周期内启动多个分支指令的执行，提高性能。新增的 JEU 是简化 JEU，实现代价较小，只具有原有 JEU 的一部分功能。原 JEU 能够给处理器核内的其他单元发送信号，通知其他单元撤销因分支预测而错误执行的指令。新增 JEU 不具备上述清理分支预测错误的功能。某些情况下，新增 JEU 只限于处理特定类型的分支指令或条件。

图 3.15 为两个 JEU 并行运行示例。两个 JEU 各自执行分支指令，并各自并行地发现了分支预测错误。次 JEU 没有清除操作能力，因此次 JEU 要把清除操作分发给主 JEU 执行。在检测到分支预测错误后，次 JEU 先休息几个周期，然后通知主 JEU 执行清除操作。

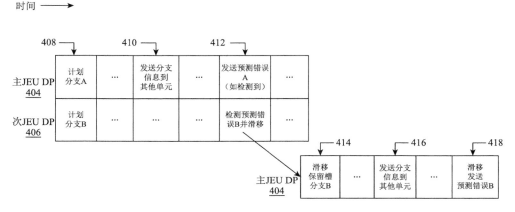

图 3.15　两个 JEU 并行运行的示例

第4章 流 水 线

处理器的关键技术之一是如何在单位时间内执行更多指令。目前提高指令吞吐量的技术手段主要是流水线。单条流水线可以实现在同一时刻内有多条指令重叠执行，多条流水线则可以同时执行更多的指令。如何保证流水线的全速运行是现代单核处理器的经典问题。流水线设计的目的就是尽量平衡每条流水线的长度，缩短每条指令的平均执行时间，使得每条指令处理的时间尽可能接近最低可能值。本章研究了多周期指令的流水线、超标量流水线和流水线转发技术以及多线程技术实现。

4.1 多周期指令的流水线实现

【相关专利】

US5136696（High-performance pipelined central processor for predicting the occurrence of executing single-cycle instructions and multicycle instructions，1988 年1 月 27 日，已失效）

【相关内容】

该专利技术涉及高速流水线，使其既能处理单周期指令，又能处理多周期指令，并且能很好地通过指令预测来降低跳转指令的开支。核心器件是指令高速缓存和预测高速缓存——分支高速缓存。指令高速缓存用于存放单周期程序指令以及若干组多周期指令解释器（interpreter）的微指令。预测高速缓存用于：①预测单周期跳转指令的跳转地址；②预测多周期指令的微指令的开始和结束地址。通过使用预测高速缓存，可以执行对解释器的调用和返回，而不会损失处理周期。其中，解释器存放若干组微指令，每组微指令组成一条多周期指令。

流水线处理器包含指令高速缓存和预测高速缓存的指令读取电路。流水线处理器的指令读取电路示意图见图 4.1。预测高速缓存中存储有解释器条目地址。当程序出现多周期指令时，预测高速缓存根据指令地址进行解释器调用预测，并指向解释器条目地址。程序返回地址被推送到程序计数器堆栈上，解释器条目地址被加载到程序计数器中。解释器中存放的若干微指令由程序计数器按顺序从指令高速缓存中获取。当解释器完成操作时，预测高速缓存进行返回预测，并将程序返回地址从堆栈传输到程序计数器。

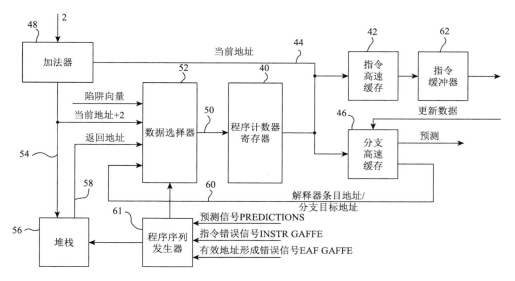

图 4.1　流水线处理器的指令读取电路示意图

4.2　超标量流水线

【相关指令】

USH001291（Microprocessor in which multiple instructions are executed in one clock cycle by providing separate machine bus access to a register file for different types of instructions，1990 年 12 月 20 日申请，已失效）

【相关内容】

该专利技术提出了一种支持专用总线访问寄存器堆的微处理器，可以实现同一时钟周期多条不同格式的指令同时执行，从而能够提升处理器性能。专利技术微处理器的功能框图如图 4.2 所示。主要模块包括存储器协处理器 10、寄存器协处理器 12、寄存器堆 6 和指令定序器 7。指令定序器中又包括指令译码器，能同时译码多条指令并发射。寄存器堆具有多端口，能够在单个时钟周期内从指令定序器读取多条指令的源。存储器协处理器和寄存器协处理器各自具有连接到寄存器堆的独立读写端口，能够各自接收不同格式的指令，并在单个时钟周期内执行该不同格式的指令。专利中还描述了五级流水线运行方法。

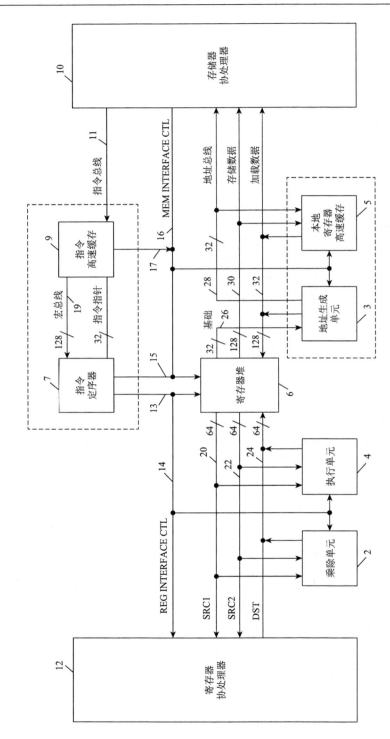

图 4.2 包含多总线并行访问寄存器堆的微处理器功能框图

4.3　流水线转发技术

在具有深度流水的运算单元中，执行完一个操作通常需要多个时钟周期，如果后续的指令需要用到前面指令的执行结果，经常需要等待较长的时间。

【相关专利】

US5619664（Processor with architecture for improved pipelining of arithmetic instructions by forwarding redundant intermediate data forms，1995 年 3 月 10 日申请，已失效）

【相关内容】

该专利技术的核心是在执行操作时较早地产生结果的冗余中间形式（如进位/保存等），并转发到下一条指令。后续的指令可以利用这些冗余中间形式减少两条指令间的延迟来达到提高性能的目的。图 4.3 给出了在编程中可以使用本专利技

来＼去	A	L	Z	C	M	S	*	÷	J
A:　整数算数　例如：加、减、取反	1	2	2	1	1	1	1	1	×
L:　逻辑　例如：与、或、异或、非	1	1	1	1	1	1	1	1	×
Z:　比较　例如：=0, ≠0　<0, ≤0　>0, ≥0	1	1	1	1	1	1	1	1	1
C: 两个任意非零值的比较	2	2	2	2	2	2	2	2	2
M:　存储地址组件	×	×	×	×	×	×	×	×	×
S:　存储数据	×	×	×	×	×	×	×	×	×
*:　乘法	*(1)	*(2)	*(1)	*(1)	*(1)	*(1)	*(1)	*(1)	*
÷:　除法	*(1)	*(2)	*(1)	*(1)	*(1)	*(1)	*(1)	*(1)	*
J:　跳转	×	×	×	×	×	×	×	×	×

图 4.3　用冗余或非冗余数据进行转发的情况[①]

---

① 备注（1）表示可实施冗余数据发送；（2）表示可实施非冗余数据发送。

术的冗余和非冗余旁路机制来执行转发的情况。其中，"来"表示当前指令，"去"表示下一指令；"1"表示可实施冗余中间形式发送，例如，连续两条整数运算指令，可发送冗余中间形式；"2"则表示不可实施，例如，整数运算后续是一条逻辑运算，则只能不可发送冗余中间形式；*涉及延迟长的乘除法，实施冗余中间形式发送意义不大；×表示不适用。

4.4　多　线　程

多线程运行环境需要解决资源共享（共享存储）、线程同步（活锁与死锁）等问题以及进一步优化解决方案。

4.4.1　流水线暂停

现有技术采用 NOP 指令暂停流水线。NOP 指令的一个局限在于使处理器阻塞一个设定的时间单位。因此，使用一个或多个 NOP 指令，处理器仅能被阻塞等于总的许多指令周期的一段时间。NOP 指令的另一局限是执行单元不能执行其他指令。例如，执行的程序可被细分为两个或多个线程。如果其中一个执行线程包括一条 NOP 指令，将阻塞整个处理器。

【相关专利】

（1）US6671795（Method and apparatus for pausing execution in a processor or the like，1990 年 12 月 10 日申请，已失效，中国同族专利 CN 102346689 B 和 CN 1426553 B）

（2）US7451296（Method and apparatus for pausing execution in a processor or the like，1990 年 12 月 10 日申请，已失效）

【相关内容】

本组专利技术提出将暂停指令作为两种微指令来实现：SET 指令和 READ 指令，控制暂停多个线程中的一个线程的执行过程，以便将优先权给另一个线程或降低功耗。

在多个线程共享一条流水线时，各线程的指令被同时发给译码器中的多路选通器，由译码器决定哪个线程的指令通过。之后指令被译码成一组微操作，进入重命名单元后入流水线。将暂停指令作为 SET 指令和 READ 指令两种微指令来实现。当接收用于指定线程的 SET 标志时，SET 指令在存储器中设置一位标志表示已经暂停对该线程的执行。SET 指令被放在流水线中以便执行,同时用于该线程的 READ 指令被阻止进入流水线,直到 SET 指令被执行完成该位标志被清除。一旦该位标志被清除,READ 指令被放在流水线中以便执行。在暂停一个线程的处理的时间中,其他线程的执行可以继续。采用本专利技术的处理器如图 4.4 所示。

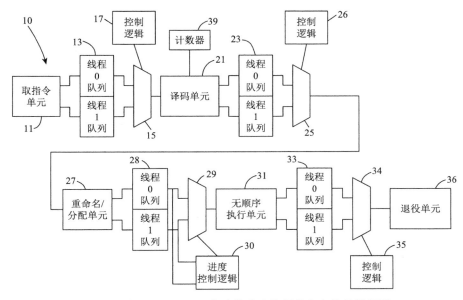

图 4.4 基于 SET/READ 指令的流水线暂停方案处理器框图

4.4.2 共享存储

【相关专利】

US6629237(Solving parallel problems employing hardware multi-threading in a parallel processing environment,2001 年 1 月 12 日申请,已失效)

【相关内容】

硬件多线程运行环境中,内存存储体被各线程共享。该专利技术提出一套硬件逻辑,用于优化线程访存过程中并行读写操作。硬件逻辑如图 4.5 所示。本套硬件逻辑的核心包括读传输寄存器,用于将数据送入执行单元;写传输寄存器,用于将数据从执行单元写入内存。这两套寄存器又被分为多个子集分别对应内存存储体和相对可寻址窗口(relatively addressable windows),对应处理器中的每个硬件线程。

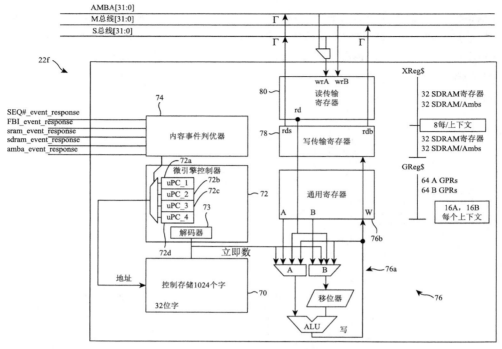

图 4.5　硬件多线程并行访存逻辑结构图

4.4.3　活锁

多线程运行环境线程调度资源分配有两种极端情况——活锁（live lock）和死锁（dead lock），使得所有线程无法获得资源，导致处理器死循环。活锁和死锁的区别在于：死锁，两个线程都处于阻塞状态；活锁不会阻塞，而是一直尝试去获取需要的锁，线程并没有阻塞，所以是活的状态，只是在做无用功。

【相关专利】

US7428732（Method and apparatus for controlling access to shared resources in an environment with multiple logical processors，2001 年 12 月 5 日申请，已失效）

【相关内容】

该专利技术提出一种采用硬件逻辑解决多线程活锁的技术方案——通过建立共享资源描述器，用以描述共享资源的分配、使用情况。执行方法核心步骤包括：为第一个逻辑线程分配专用访问通道，查询该线程所需资源是否可用；如果可用，将该资源分配给该逻辑线程，并更新资源描述器状态；释放专用通道。活锁解耦的流程示例如图 4.6 所示。

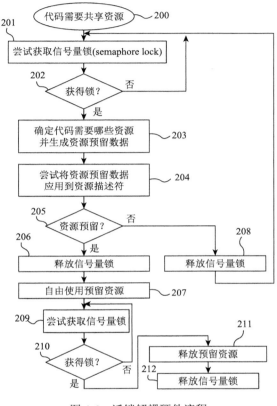

图 4.6 活锁解耦硬件流程

第 5 章 低 功 耗

微处理器的低功耗是系统低功耗问题的子集。速度更快的微处理器显然需要更多的功耗，尤其是 x86 这类更关注性能优势的处理器。功率利用效率（power utilization effectiveness，PUE）就是这方面的代表性指标。这里要注意，"功耗"与"能耗"是不一样的概念。功耗侧重于单位时间所消耗的能量，能耗侧重于单位任务所消耗的能量。因此一些降低功耗的技术，如将导致单位任务所需时间或任务量增加的技术，最终导致能耗提高，也是有可能的。在架构、逻辑、电路实现三个部分中，有很多技术方案可以降低特定情形下的功耗，都依旧存在不小的研究空间。

一旦处理器生产出来，处理器的功耗将主要来自两个方面：一是晶体管工作（开关）时的动态功耗，二是晶体管休息时的静态功耗。过去以来，低功耗的实现借助了电源管理优化和降低电源电压，如多种电压域、（动态）变频、变压技术。时钟单元、数据通路、存储单元，控制部分和输入/输出都会影响功耗。本章则研究了时钟门控、基于温度调整频率和电压以及功耗模式切换等技术的实现。

5.1 时 钟 门 控

【相关专利】

US5726921（Floating point power conservation，1995 年 12 月 22 日申请，已失效）

【相关内容】

该专利技术提出在不需要使用浮点运算单元的时候通过停止其时钟信号门控来降低功耗的方法。具体的方案是：标志位中设置一个仿真位（emulation bit）来区分处理器是用硬件浮点运算单元还是仿真方式；可选的，还可以设置一个任务切换标志位（task switch flag）来指示系统任务是否在活动状态和非活动状态中转换，转换为非活动状态后不需要时钟信号。图 5.1 给出了带标志位输入的浮点运算单元时钟信号门控模块。

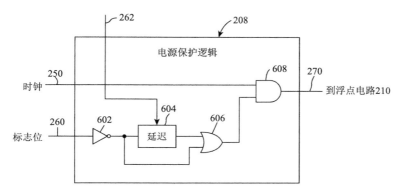

图 5.1　浮点运算单元时钟门控模块结构图

5.2　基于温度调整频率和电压

【相关专利】

US5745375（Apparatus and method for controlling power usage，1995 年 9 月 29 日申请，已失效）

【相关内容】

US5745375 专利技术提供了一种基于温度指示的低功耗控制方法和硬件逻辑。硬件逻辑主要模块包括可变频时钟控制模块、可变电压供电模块以及控制器。如图 5.2 所示，控制器 150 作为核心模块，通过温度传感器检测设备是否过热，以及通过电源管理电路检测设备开机时间内处于空闲状态的百分比，生成控制信号控制可变频时钟控制模块和可变电压供电模块，并对处理器进行工作频率和电压的调节。

5.3　功耗模式切换

5.3.1　通过暂停指令进入休眠

【相关专利】

（1）US6687838（Low-power processor hint，such as from a pause instruction，2000 年 12 月 7 日申请，已失效）

（2）US7159133（Low-power processor hint，such as from a pause instruction，2004 年 1 月 16 日申请，已失效）

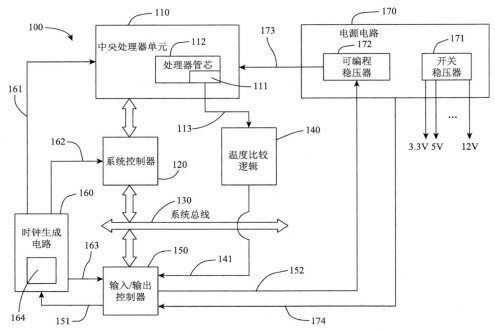

图 5.2　基于温度指示的低功耗控制硬件逻辑

【相关内容】

US7159133 和 US6687838 专利提出在单线程或多线程环境中，使用 PAUSE 指令作为低功耗提示的方法。当所有线程都发射 PAUSE 指令时，处理器进入慢模式（slow mode）并保持一段时间，以降低功耗。休眠控制流程如图 5.3 所示。

5.3.2　长延迟指令降低瞬时启动电流

【相关专利】

US6779122（Method and apparatus for executing a long latency instruction to delay the restarting of an instruction fetch unit，2000 年 12 月 26 日申请，已失效）

【相关内容】

重启中央处理器时，很多部件要同时上电工作，瞬时电流需求很大。现有技术采用电容供电的方法解决瞬时电流过大的问题，该方法占用面积大且成本高。专利技术提出在进入休眠模式前，向执行单元发射一条长延迟指令，如浮点除法需要 30 多个执行周期，重启时执行部件将先执行一条长延迟指令，取指等部件的启动过程将被延缓，从而能够降低重启瞬间的电流负载。示例的具体步骤如图 5.4 所示。

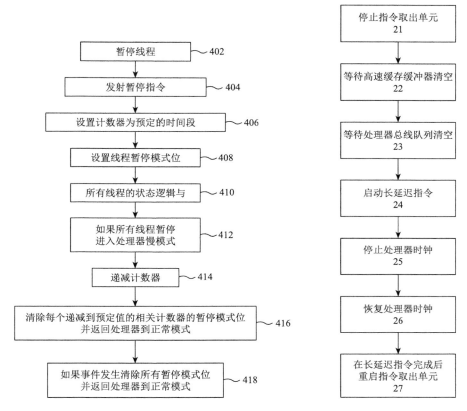

图 5.3　处理器进入休眠降低功耗

图 5.4　利用长延迟指令重启中央
处理器的流程图

5.3.3　基于存储器地址操作的唤醒

【相关专利】

US8281083（Device，system and method of generating an execution instruction based on a memory-access instruction，2012 年 8 月 22 日申请，预计 2026 年 1 月 5 日失效，中国同族专利 CN 100424634C）

【相关内容】

该专利技术提供了一种生成执行指令的方法和硬件逻辑，通过执行存储器地址的输入输出操作激活处理器系统的电源管理，将处理器从低功耗模式唤醒。专利技术的硬件逻辑包括：控制器，将存储器访问指令的地址数据 A 与预定执行指令的存储器地址的预定地址数据 B 进行比较；指令生成器，选择性地生成执行指令，当地址数据 A 和 B 相匹配时，指令生成器将生成预定可执行格式的执行指令。其中预定执行指令和预定地址数据均可以是多个。生成执行指令的方法如图 5.5 所示。

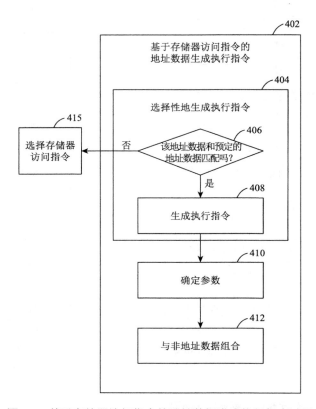

图 5.5　基于存储器访问指令的地址数据生成执行指令过程

第6章 编译优化

编译是把一种源程序表达转换为目标程序表达。把复杂指令集 CISC 用精简指令集 RISC 表达，其实就是一种最成功的编译。最有效的高性能 x86 计算机使用方式，就是直接使用简单指令。优化通常意味着更好、更快、更高效。现代处理器体系结构越来越复杂，编译就更重要、难度也更高，而编译优化也有了更多代码执行改进的方式与机会。如编译优化消除复杂指令间的冗余，削减成更简洁的运算方式。单指令多数据（single instruction multiple data，SIMD）、超长指令字（very long instruction word，VLIW）、虚拟化（virtual machine，VM）等体系架构的一长串里程碑，都伴随着相应编译技术支持。处理器或计算机性能不仅仅是靠原始速度，真正展现出来给用户体验的是编译后实际速度。

现代处理器体系架构开发与编译器开发是同步的，在处理器设计之初就开始了。设计人员把编译后代码直接在模拟器上运行，可以提早评价设计中的处理器体系架构特征。所有编译（优化）的目标都是一致的：优化不改变编译原义、改善性能、代价可承受。对于 x86 的编译优化，本章研究了分支和循环优化、融合乘加操作、多核优化等技术的实现。

6.1 分支和循环优化

【相关专利】

（1）US5367651（Integrated register allocation，instruction scheduling，instruction reduction and loop unrolling，1992 年 11 月 30 日申请，已失效）

（2）US6205544（Decomposition of instructions into branch and sequential code sections，1998 年 12 月 21 日申请，已失效）

（3）US6732356（System and method of using partially resolved predicates for elimination of comparison instructions，2000 年 3 月 31 日申请，已失效）

（4）US7757065（Instruction segment recording scheme，2000 年 11 月 9 日申请，已失效）

（5）US7225434（Method to collect address trace of instructions executed，2003 年 9 月 25 日申请，已失效）

【相关内容】

在编译阶段，寄存器分配和指令调度通常是两个独立进程。因为寄存器分配倾向于最小化负载和存储量，与此同时指令调度倾向于最大化并行指令执行，则寄存器更多、并行度更高，所以协调的寄存器分配和指令调度方法能提高整体程序执行效率。寄存器分配和指令调度方法一般分为两种：后处理（postpass）和集成式前处理（integrated prepass）。前者先进行全局寄存器分配再调度；后者则综合两者。本专利技术是后者技术上的改进。

US5367651专利技术用于循环展开时提升编译生成目标代码的执行性能，还包括松散耦合寄存器分配（loosely coupled register allocation）和指令调度方法以提升处理器性能。具体流程示例见图6.1，主要包括：全局寄存器分配；指令调度以优化局部寄存器分配；确定循环展开的数量；第二遍指令优化，局部寄存器分配。

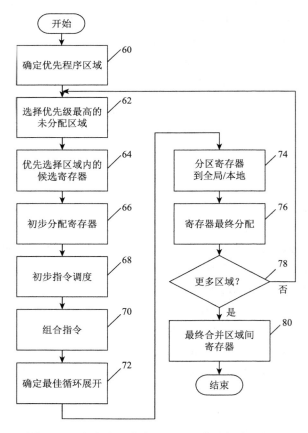

图 6.1　局部与全局寄存器分配相集成的编译技术

　　US6205544 专利技术用编译器划分基本块，分别执行分支和顺序指令，提升效率。通过编译器，将源码中的分支与基本块分成两列指令序列，分别执行，延迟隐藏，提升效率。基于基本块的延迟隐藏方案逻辑框图如图 6.2 所示。

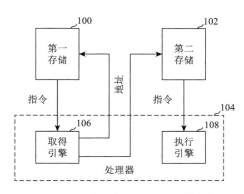

图 6.2　基于基本块的延迟隐藏方案

　　US6732356 专利在编译阶段去除用于预测的冗余比较指令。执行方法见图 6.3。

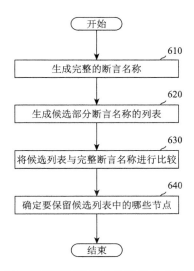

图 6.3　基于编译的冗余比较指令去除技术

　　US7225434 专利技术抓取动态运行中的指令流地址序列，用来研究系统运行时，哪些指令是经常执行的，哪些指令需要留在高速缓存或内存中。具体方法是在每段代码前插入一段检测软件序列（instrumented software）。基于地址序列的编译优化流程示例如图 6.4 所示。

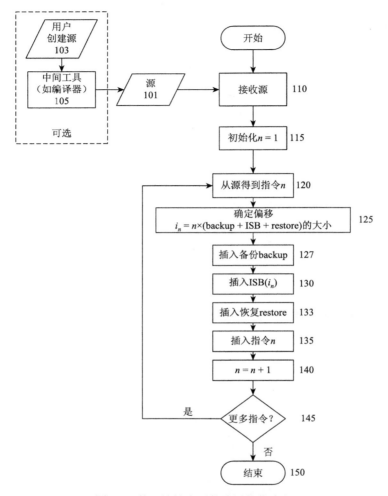

图 6.4　基于地址序列的编译优化流程

US7757065 专利提出基于扩展块（extended block）的编译优化技术，以便解决指令副本在缓存中冗余存储的问题。处理器执行过程中分为前端处理、执行和存储三个阶段。前端处理包括分支预测、译码和重命名等，可以从存储的程序指令中构建指令段，即动态执行的指令序列。一种常见的指令段是跟踪，其具有单入口、多出口（指可以在多个点退出跟踪）结构；另一种指令段是基本块，即单入口、单出口的结构。为解决相同的指令副本存储在不同的指令段的冗余问题，专利技术中提出一种新的指令段——扩展块，它是一个或多个段的集合或动态扩展，不会中断先前存储在指令段之间的映射，具有多条目、单出口结构，出口可以是条件分支、返回指令或大小限制，一旦进入扩展块，必须进展到扩展块中的终端指令，并且扩展块以最后一条指令的地址进行索引，在缓存中按程序顺序反向存储。图 6.5 给出了程序的指令流与按扩展段存储在高速缓存行中的方式之间的关系。其中指令 IP_1 到 IP_2 是第一指令流；IP_3 到 IP_4 是第三指令流。其中的 IP_6 到 IP_4 是第二指令流，而第一指令流中 IP_5 为条件分支可以跳转到第二指令流的起点 IP_6 位置。专利技术的扩展段存储在高速缓存行 440 中，第二和第三指令流的最终一条指令 IP_4 存储在高速缓存行的起点位置，IP_6 和 IP_3 顺序存储在之后。

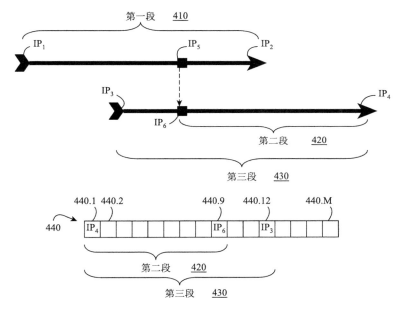

图 6.5　指令流和扩展块在高速缓存行中的存储

6.2　融合乘加操作

【相关专利】

US7966609（Optimal floating-point expression translation method based on pattern matching，2006 年 3 月 30 日申请，预计 2029 年 8 月 12 日失效）

【相关内容】

该专利技术提出一种把浮点表达式转换为支持融合乘加（fused multiply-add，FMA）指令序列进行优化的方法。步骤如下：生成模式列表，每个模式包含一个 FMA 无环有向图、一个与无环有向图等价的标签、一个与标签等价的图形（shape），以及编译程序时对浮点表达式进行匹配的操作。FMA 指令编译优化流程如图 6.6 所示。

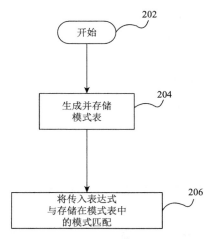

图 6.6　FMA 指令编译优化流程

6.3　多核优化

6.3.1　代码重排

【相关专利】

US7904879（Reorganized storing of applications to improve execution，2007 年 3 月 20 日申请，已失效）

【相关内容】

US7904879 专利提出一种用于多处理器并行执行的代码重排技术，能够提高性能。同时，代码线性化能够减少指令条数，缩短单线程执行时间。基于编译的代码重排技术流程示例见图 6.7。

6.3.2　循环展开

为了加速程序在多核处理器上的运行速度，需要把程序分割成多个并行执行的部分。自动并行化技术可以自动发掘程序中存在的并行性，提高串行程序在多核执行的速度。由于数据依赖性的存在，自动并行化变得非常困难。本节所提专利中提出的循环并行化技术可以用来解决存在数据依赖关系时的并行化问题。

【相关专利】

US8793675（Loop parallelization based on loop splitting or index array，2010 年 12 月 24 日申请，已失效，中国同族专利 CN 103282878 B）

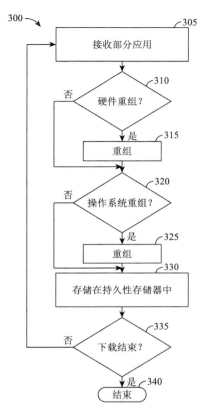

图 6.7　基于编译的代码重排技术

【相关内容】

该专利技术提出一种循环并行化技术实现方法和相关处理器系统。循环并行化可以通过循环分解（loop splitting）的方法实现。编译器可以结合控制和数据预测以实现更多的循环优化和循环并行。循环分解技术允许根据预测优化更多的循环。另外，检查代码生成技术也允许延迟的分析和优化，且不需要任何改变就可以运用预测信息。

进行自动循环并行化时经常遇到的控制或数据依赖问题可以通过一个下标数组解决。下标数组由编译器生成，并用于在并行化循环时分割迭代空间。例如，控制或数据流分析可以在编译时完成，迭代子空间的取值却可以在运行时生成。这是一种可以打破控制或数据依赖的通用技术，从而提供更多的循环并行化机会。图 6.8 为自动循环并行化执行过程的流程图。

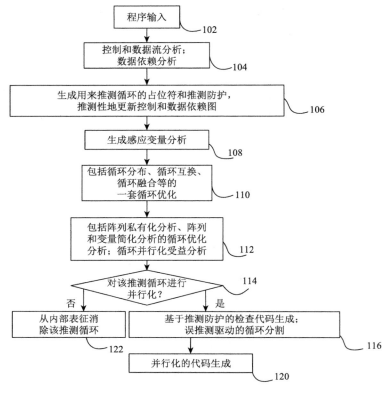

图 6.8　循环并行化流程图

6.3.3　动态部分二进制翻译的指令集虚拟化

异构处理器具有不同的设计目标，如高性能或低功耗，因此将采用不同的指令集设计。为充分利用系统计算资源，需要指令集一致性技术，使得程序可以不需要修改或重新编译就能够在所有异构处理器运行。本小节专利提出使用动态二进制翻译方案解决上述问题。当程序需要在另一指令集不兼容的处理器上运行时，处理器把需要被执行的那部分程序指令动态地翻译成适合另一个处理器执行的指令，实现程序在异构处理器上的执行。

【相关专利】

US9141361（Method and apparatus for performance efficient ISA virtualization using dynamic partial binary translation，2012 年 9 月 30 日申请，已失效）

【相关内容】

　　该专利技术使用部分二进制翻译把任何不适合在当前处理器上执行的指令翻译成适合当前处理器的指令，相当于对当前处理器的指令集作了虚拟化。另外，由于使用的是部分二进制翻译技术，翻译过程可以只对程序需要在异构处理器上执行的一部分进行，而不必翻译整个可执行程序。图 6.9 为翻译运行时环境执行流程图。

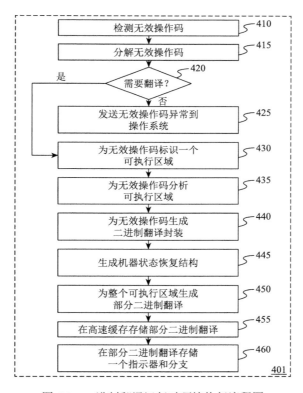

图 6.9　二进制翻译运行时环境执行流程图

参 考 文 献

[1] Intel Corporation. Intel® 64 and IA-32 Architectures Software Developer's Manual. Order Number：253665-052US.：8-4. x87 FPU Status Word. https://www.intel.com/content/www/us/en/developer/articles/technical/intel-sdm.html[2014-09-15].

[2] Intel Corporation. Intel® 64 and IA-32 Architectures Software Developer's Manual. Order Number：253665-052US.：10-4. MXCSR Control/Status Register. https://www.intel.com/content/www/us/en/developer/articles/technical/intel-sdm.html[2014-09-15].